Collection
iParcours

W0208545

Maths

3e

Katia Hache
Professeure certifiée de mathématiques

Sébastien Hache
Professeur certifié de mathématiques

Nom DE SOUZA

Prénom Naxence

Classe 3 ème R

Année scolaire ....

iParcours MATHS 3^{e}

Nombres et calculs

Grandeurs et mesures
Espace et géométrie

Organisation et gestion de données - Fonctions

Algorithmique et programmation

CAHIER NUMÉRIQUE www.iparcours.fr

Retrouvez l'intégralité du cahier avec :
- des aides animées et sonorisées,
- des exercices interactifs,
- des QCM,
- etc.

Le professeur a accès à tous les corrigés (inscription : www.iparcours.fr).

Calculs

N0

Fiche 1 : Nombres relatifs (1)

1 Effectue les calculs suivants.

a. (- 3) + (- 4) = ...

b. (+ 2,5) + (- 25) = ...

c. (- 11) - (+ 15) = ...

d. (- 2) - (- 0,5) = ...

e. (+ 1,5) - (- 10,5) = ...

f. 4 - 16 = ...

g. - 17 + 11 = ...

h. - 9 - 5 = ...

i. - 2,5 - 12,5 = ...

j. - 1,3 - 0,7 = ...

2 Effectue les calculs suivants.

A = (- 21) + (+ 18) + (- 1)

A = ...

A = ...

B = (+ 6,5) + (- 18) - (- 2,5)

B = ...

B = ...

C = - 1 + 23 + 13

C = ...

C = ...

D = - 5,5 + 3,5 + 7 - 11

D = ...

D = ...

E = (- 5) - (- 2) - 3 + 1 + 55

E = ...

E = ...

F = - 11 - 1,5 + 1,5 - (- 25) + (- 4,5)

F = ...

F = ...

3 Complète le tableau.

	produit	positif	négatif
a.	(- 3) × 5 × (- 1) × (- 9) × (- 1)		
b.	(- 4) × 2 × (- 4) × 4 × (- 5) × 4		
c.	43 × (- 1) × (- 7) × (- 24)		
d.	- 7 × 5,1 × (- 3,1) × (- 11,5) × (- 0,5)		
e.	(- 2) × (- 6) × 4 × (- 9,2) × (- 2) × (- 1)		
f.	(- 4,7) × 3,3 × 4,5 × 0 × (- 7,32) × (- 1)		

4 Calcule.

A = (- 1) × (- 10) × (- 1) × (- 0,1) × (- 1) × (- 100)

A = ...

A = ...

A = ...

B = (- 50) × (- 13) × (- 2) × (- 125) × (- 8)

B = ...

B = ...

B = ...

C = (- 4) × (- 0,125) × 2,5 × (- 4,23) × 8

C = ...

C = ...

C = ...

D = 0,001 × (- 4,5) × (- 10) × (- 0,2)

D = ...

D = ...

D = ...

FICHE 2 : NOMBRES RELATIFS (2)

1 Calcule.

a. (- 18) ÷ (+ 2) = ...

b. (- 24) ÷ (+ 4) = ...

c. (- 1) ÷ (+ 10) = ...

d. (+ 11) ÷ (- 11) = ...

e. (+ 7) ÷ (- 14) = ...

f. - 42 ÷ 2 = ...

g. $\frac{8}{-4}$ = ...

h. $\frac{-75}{15}$ = ...

i. $\frac{-11}{-22}$ = ...

j. $\frac{-6}{-24}$ = ...

k. $\frac{-9}{2}$ = ...

l. $\frac{13}{-13}$ = ...

2 Indique s'il s'agit d'une somme, d'un produit ou d'un quotient, puis donne son signe.

Calcul	Somme	Produit	Quotient	Signe
- 3 + (- 7)				
- 1 × (- 4)				
2 + (- 9)				
6 ÷ (- 5)				
- 3 + 11				
- 3 × 15				
4,5 × (- 1)				
$\frac{-3}{-7}$				

3 Effectue les calculs suivants.

a. 5 × (- 5) = ...

b. - 6 - 18 = ...

c. (- 49) ÷ 7 = ...

d. - 7 - (- 6) = ...

e. - 3,5 × 3,5 = ...

f. $\frac{72}{-6}$ = ...

g. (- 11) × 75 = ...

h. 23 - (- 34) = ...

i. - 3 × (- 11) = ...

j. (- 10) ÷ (- 2) = ...

k. - 6,5 + 6,05 = ...

l. $-\frac{5}{20}$ = ...

4 Complète avec le signe opératoire adéquat.

a. (- 9) .... (- 2) = 18

b. (- 4) .... (- 1) = – 5

c. (- 1) .... (- 1) = 1

d. (- 1) .... (- 1) = 0

e. (- 14) .... (- 2) = 7

f. (- 10) .... (- 2) = - 8

g. (- 0,5) .... 2 = - 2,5

h. (- 0,5) .... 2 = - 1

5 Calcule.

a	*b*	*c*	*ab - c*	*(a - b)c*
3	4	5		
- 3	4	2		
- 5	5	- 2		
- 3	- 2	- 5		
- 1	0	- 1		
0	10	- 10		

6 Effectue en soulignant les étapes du calcul.

A = 11 + 3 × (- 7)

A = ...

A = ...

B = (- 12) ÷ 3 - 5

B = ...

B = ...

C = 12 - 12 ÷ (- 3)

C = ...

C = ...

D = - 4 + 4 × (- 4)

D = ...

D = ...

E = $\frac{-9 \times 8}{12 \times (-2)}$

E = ...

E = ...

F = $\frac{-6 - 6 \times (-4)}{-2 \times (-3)}$

F = ...

F = ...

G = (11 + 3) × (- 10)

G = ...

G = ...

H = (- 13) ÷ (6 - 7)

H = ...

H = ...

I = 10 × (- 2) - 27 ÷ (- 9)

I = ...

I = ...

I = ...

J = (- 2,1 + 2,1) × (- 6,9)

J = ...

J = ...

K = (11 - 19) ÷ (- 4)

K = ...

K = ...

L = $\frac{3 + 5 \times (-7)}{(-2) \times (2)}$

L = ...

L = ...

L = ...

FICHE 3 : FRACTIONS (1)

1 Compare les quotients ci-dessous.

a. $\frac{-5}{4,5}$ .... $\frac{-6}{4,5}$

b. $\frac{-1,5}{7}$ .... $\frac{-2,9}{14}$

c. $\frac{4}{5}$ .... $\frac{5}{6}$

d. $\frac{-0,1}{17,3}$ .... $\frac{-3,8}{0,99}$

e. $\frac{-0,7}{7,5}$ .... $\frac{1,3}{15}$

f. $\frac{-7}{3}$ .... $\frac{-9}{4}$

2 Range les quotients ci-dessous dans l'ordre croissant.

a. $\frac{4}{13}$; $\frac{-7}{13}$; $\frac{-7,25}{13}$; $\frac{12}{13}$; $\frac{0,11}{13}$; $\frac{-7,4}{13}$.

....

b. $\frac{-7}{2}$; $\frac{-15}{4}$; $\frac{-3}{8}$; $\frac{-51}{8}$; $\frac{-3}{4}$; $\frac{-3}{2}$.

....

....

3 Effectue les calculs suivants.

$A = \frac{9}{11} - \frac{4}{121}$

A = ...

A = ...

$B = \frac{5}{12} + \frac{19}{36}$

B = ...

B = ...

$C = 9 - \frac{15}{2} - \frac{3}{2}$

C = ...

C = ...

$D = 1 - \frac{5}{16} + \frac{3}{8}$

D = ...

D = ...

$E = \frac{7}{18} + \frac{2}{6} + \frac{5}{9}$

E = ...

E = ...

$F = \frac{11}{7} + \frac{9}{14} + \frac{3}{28}$

F = ...

F = ...

F = ...

$G = \left(\frac{2}{10} + \frac{1}{30}\right) - \left(\frac{1}{5} - \frac{1}{15}\right)$

G = ...

G = ...

G = ...

4 Calcule puis donne le résultat sous la forme d'une fraction simplifiée.

$H = 5 + \frac{3}{4}$

....

....

$I = 1,5 - \frac{7}{6}$

....

....

$J = -5 + \frac{4}{-5}$

....

....

$K = -\frac{2}{11} + \frac{3}{22}$

....

....

$L = -\frac{3}{21} - \frac{8}{3}$

....

....

$M = \frac{1}{13} - \frac{5}{52}$

....

....

5 Calcule puis donne le résultat sous la forme d'une fraction simplifiée.

$N = \frac{7}{6} - \frac{7}{8} - \frac{7}{24}$

....

....

$O = \frac{7}{8} - \frac{-3}{5}$

....

....

....

$P = \frac{-7}{15} + \frac{-5}{6}$

....

....

....

$K = 2 + \frac{-1}{5} - \frac{11}{20}$

....

....

$L = -3 + \frac{-2}{7} + \frac{-6}{-5}$

....

....

....

$M = \frac{4}{3} - \frac{-5}{4} - \frac{2}{5}$

....

....

....

Fiche 4 : Fractions (2)

1 Calcule en décomposant les numérateurs et les dénominateurs en produits de facteurs, puis simplifie le résultat quand c'est possible.

$A = \frac{7}{3} \times \frac{5}{-7}$

$F = \frac{-28}{25} \times \frac{-15}{16}$

$B = \frac{5}{0,8} \times \frac{7}{5} \times \frac{-0,8}{2}$

$G = \frac{-99}{25} \times \frac{40}{-81}$

$C = -\frac{15}{4} \times \frac{8}{5}$

$H = \frac{6}{-5} \times \frac{20}{-16} \times \frac{-4}{-5}$

$D = \frac{-16}{-7} \times \frac{-21}{-8}$

$I = \frac{-5}{19} \times \frac{-19}{-5}$

$E = \frac{3}{11} \times \frac{-11}{12}$

$J = \frac{-12,5}{-100} \times \frac{2}{-3} \times \frac{-4}{-5}$

2 Complète, si possible, le tableau suivant.

	x	Inverse de x	Opposé de x
a.	-4		
b.	0		
c.	$\frac{1}{5}$		
d.	$-\frac{3}{4}$		

3 Calcule et donne le résultat sous la forme d'une fraction.

$K = 7 \div \frac{3}{4}$

$Q = 9 \div \frac{11}{5}$

$L = \frac{5}{11} \div \frac{13}{7}$

$R = \frac{1}{4} \div \frac{1}{5}$

$M = \frac{-11}{7} \div \frac{3}{2}$

$S = \frac{5}{-13} \div \frac{-2}{7}$

$N = \frac{25}{-8} \div \left(-\frac{35}{-2}\right)$

$T = \frac{-24}{21} \div \frac{-32}{49}$

$P = \left(\frac{1}{2} - \frac{5}{4}\right) \times \frac{16}{5}$

$U = \frac{1}{2} - \frac{5}{4} \times \frac{16}{5}$

FICHE 5 : PUISSANCES (1)

1 Calcule mentalement.

a. $4^3 =$ ....

b. $(-3)^2 =$ ....

c. $(-7)^2 =$ ....

d. $-3^2 =$ ....

e. $-5^3 =$ ....

f. $4^{-1} =$ ....

g. $2^4 =$ ....

h. $-7^2 =$ ....

i. $-1^4 =$ ....

j. $(-1)^4 =$ ....

k. $(-2)^5 =$ ....

l. $5^{-2} =$ ....

2 Effectue les calculs suivants.

$A = 2 + 3 \times 5^4$

A = ...

A = ...

A = ...

$B = 5 - 3 \times 2^3$

B = ...

B = ...

B = ...

$C = 3 \times 2^2 + 4 \times 5^2 - 3^2 \times 2^3$

C = ...

C = ...

C = ...

3 Écris chaque nombre sous la forme 10^n.

a. cent mille = ...

b. dix millions = ...

c. cent milliards = ...

d. dix = ...

4 Complète.

Puissance	Définition	Écriture fractionnaire	Écriture décimale
10^{-2}	$\frac{1}{10^{...}}$	$\frac{1}{..............}$	
10^{-7}			
	$\frac{1}{10^5}$		
			0, 000 1
			0,1
		$\frac{1}{1\ 000}$	

5 Complète par une puissance de 10.

$\times$	10^3	10^{-5}	10^{-8}	10^{17}
10^5				
10^{-7}				
10^{14}				
10^{-8}				
10^0				

6 Écris sous la forme d'une puissance de 10.

a. $\frac{10^3}{10^8} =$ ....

b. $\frac{10^5}{10^{-2}} =$ ....

c. $\frac{10^{-7}}{10^{-1}} =$ ....

d. $\frac{10^{-12}}{10^9} =$ ....

e. $\frac{10^{11}}{10^{-5}} =$ ....

f. $\frac{10^{-6}}{10^{-6}} =$ ....

g. $\frac{10^1}{10^4} =$ ....

7 Relie les expressions égales.

$10^{10} \times 10^{-3}$ •	• 10^{11}
$10^9 \times 10^2$ •	• 10^7
$10^5 \times 10$ •	• 10^{-11}
$\frac{10^6}{10^{12}}$ •	• 10^{-6}
$\frac{10^{-7}}{10^4}$ •	• 1
$10^{-3} \times 10^5 \times 10^{-2}$ •	• 10^6

8 Encadre les nombres suivants par deux puissances de 10 d'exposants entiers consécutifs.

a. .... $< 0{,}028 <$ ....

b. .... $< 0{,}000\ 005 <$ ....

c. .... $< 0{,}000\ 091 <$ ....

d. .... $< 0{,}6 <$ ....

FICHE 6 : PUISSANCES (2)

1 Complète.

a	$a \times 10$	$a \times 10^2$	$a \times 10^3$
5,323 45			
		11,9	
			0,009
	498		

2 Donne l'écriture décimale de chaque nombre.

a. $6{,}76 \times 10^4$ = ...

b. $0{,}004\,84 \times 10^2$ = ...

c. $40\,670 \times 10^{-5}$ = ...

d. 2×10^{-6} = ...

e. $0{,}005 \times 10^5$ = ...

f. $18{,}34 \times 10^{-1}$ = ...

3 Complète.

a. $1{,}95 \times 10^{\cdots} = 1\,950$

b. $69 \times 10^{\cdots} = 0{,}069$

c. $6{,}3 \times 10^{\cdots} = 63\,000$

d. .... $\times 10^{-3} = 89$

e. .... $\times 10^4 = 8{,}4$

f. .... $\times 10^{-2} = -0{,}058$

4 Entoure les nombres écrits en notation scientifique dans la liste ci-dessous.

45×10^{-6}	$0{,}89 \times 10^{-6}$	-8×10^{-5}
$4{,}6 \times 10^{17}$	10×10^9	$7{,}91$
$0{,}68$	$-1{,}78 \times 10^0$	$\pi \times 10^{14}$
$-15{,}9 \times 10^4$	$83{,}45 \times 10^{-13}$	$-9{,}99 \times 10$

5 Écris chaque nombre en notation scientifique.

a. 95 200 = ...

b. 0,000 58 = ...

c. – 1 512,67 = ...

d. 46,31 = ...

e. – 67,3 = ...

f. – 0,006 = ...

g. – 6 = ...

h. 107,32 = ...

6 Écris chaque nombre en notation scientifique.

a. $123{,}4 \times 10^{-13}$ = ...

= ....

b. $0{,}003\,4 \times 10^{16}$ = ...

= ....

c. $-34{,}9 \times 10^{-10}$ = ...

= ....

d. $-5\,876 \times 10^6$ = ...

= ....

e. $670\,000 \times 10^{11}$ = ...

= ....

7 Calcule chaque expression et donne le résultat en notation scientifique.

$A = 55 \times 10^7 \times 5 \times 10^{-15}$

A = ...

A = ...

A = ...

A = ...

$B = 14 \times 10^{-6} \times 5 \times 10^6$

B = ...

B = ...

B = ...

B = ...

$C = 1{,}9 \times 10^{11} \times 3 \times 10^{-7}$

C = ...

C = ...

C = ...

C = ...

$D = \dfrac{36 \times 10^{-2}}{12 \times 10^{-8}}$

D = ...

D = ...

FICHE 7 : CALCUL LITTÉRAL (1)

1 Développe et réduis chaque expression.

$A = 2 \times (x + 4)$

$E = 5 \times (-3 + x)$

$B = 4(b - 5)$

$F = -8(-2 + w)$

$C = -5(3 + u)$

$G = -5(4y + 1)$

$D = -3(5x - 2)$

$H = -4a(2 - 3a)$

2 Effectue les calculs de manière astucieuse.

$A = 34 \times 101$

A = ...

A = ...

$B = 99 \times 67$

B = ...

B = ...

3 Effectue les calculs suivants de manière astucieuse (par une méthode simple).

$A = 97 \times 71 + 3 \times 71$

A = ...

A = ...

$B = 109 \times 41 - 9 \times 41$

B = ...

B = ...

$C = 62 \times 59 + 59 \times 38$

C = ...

C = ...

C = ...

4 Relie chaque expression à sa forme réduite.

$5x + 2$ •	• $3x$
$5x + 2x$ •	• $10x$
$5x - 2x$ •	• $5x + 2$
$5x \times 2$ •	• $4x$
$2x + 2x$ •	• $10x^2$
$5x \times 2x$ •	• $7x$

5 Réduis chaque expression.

$A = 6x - 4 + 4x - 8x + 7$

$B = -3y + 5 - 5y^2 + y - 6y^2 - 3y - 7$

$C = -5x + 5 - 2x + 2x - 3x - 6$

$D = 3x - 5 + 7x^2 + 4 - 4x^2 - x + x^2 - 5x$

$E = 3x - 6 + 11x^2 + 4 - 6x^2 + 2 - 2x + 4x^2 - x$

6 Supprime les parenthèses puis réduis.

$E = 2x + (1 - 6x)$

$G = 3 + 4x - (-4x + 1)$

$F = 15 + (-9x + 0{,}5)$

$H = -2x - (-3x^2 + x - 6)$

FICHE 8 : CALCUL LITTÉRAL (2)

1 Développe puis réduis chaque expression.

I = $(x + 3)(x + 7)$

J = $(2x + 1)(3x + 2)$

K = $(7u + 3)(1 - 4u)$

L = $2(- 2 + n)(- 3n - 1)$

2 Récris le calcul en remplaçant x par (- 2), puis calcule la valeur de l'expression.

A = $2x + 2$

B = $4(1 - x)$

C = $2x(6 - 4x)$

D = $4x + 5 + 4(1 - 5x)$

E = $- 3x(- 2x + 7)$

F = $(2x + 3) (2 - 5x)$

3 Complète ce tableau avec les valeurs des expressions pour chaque valeur de a proposée.

		$a = 1$	$a = - 4$	$a = - 0,5$
a.	$2a - 3$			
b.	$- 2a + 1$			
c.	$- 4(a + 1)$			
d.	$- a(3 - a)$			

4 Calcule les expressions suivantes pour $x = \frac{1}{3}$.

A = $x + 3$

B = $5x - 1$

C = $2(1 - x)$

D = $x^2 - 3x + 2$

5 **a.** Quelle expression a la plus grande valeur numérique, pour $x = 1$?

A = $x^2 + 2x - 5$

B = $- 4x^2 - x + 3$

C = $(4x - 1)(3 - x)$

D = $- 2(5x + 1)(7x - 1)$

b. Même question pour $x = - 1$

Arithmétique

N1

Fiche 1 : Division euclidienne (1)

1 Complète par l'égalité ou par une division correspondante.

a.	b.	c.	d.
189 | 8 – 16 | 23 29 – 24 5	873 | 21 – 84 | 41 33 – 21 12	… | …	… | …
		202 = 13× 15 + 7	211 = 22× 9 + 13

2 Romain a effectué des divisions euclidiennes. Sont-elles justes ? Justifie sans poser les divisions.

a.	b.	c.	d.
3274 | 13 (...) | 251 11	876 | 14 (...) | 61 22	621 | 7 (...) | 88 6	4579 | 19 (...) | 241 0
....	....	....	....

3 Effectue les divisions euclidiennes puis, pour chacune d'elles, écris l'égalité correspondante.

a. 162 | 7	b. 4433 | 9	c. 29167 | 40	d. 53617 | 15
e. 591 | 11	f. 2081 | 3	g. 35511 | 99	h. 35711 | 31

Fiche 2 : Division euclidienne (2)

1 *De beaux restes...*

a. Quel est le plus grand reste possible dans une division euclidienne par 37 ?

....

b. Quels sont tous les restes possibles dans une division euclidienne par 11 ?

....

c. Sachant que 209 = 19 × 11, quel est le reste de la division de 229 par 19 ?

....

2 *Sans poser l'opération*

a. On a : 178 = 35 × 5 + 3.

- Quel quotient entier et quel reste trouve-t-on dans la division euclidienne de 178 par 35 ?

  ....

- Quel quotient entier et quel reste trouve-t-on dans la division euclidienne de 178 par 5 ?

  ....

b. On a : 332 = 29 × 11 + 13.

- Quel quotient entier et quel reste trouve-t-on dans la division euclidienne de 332 par 29 ?

  ....

- Quel quotient entier et quel reste trouve-t-on dans la division euclidienne de 332 par 11 ?

  ....

3 Complète le tableau suivant, sans poser les divisions, puis écris les égalités correspondantes.

	Dividende	Diviseur	Quotient	Reste
a.		16	29	11
b.		23	432	21
c.	456	41	11	
d.	781	27	28	
e.	935		55	0

a. ....

b. ....

c. ....

d. ....

e. ....

4 Un centre aéré accueillant 131 enfants organise une journée « Sport Co » avec du basket, du hand-ball, du football et du rugby. Pour chaque sport, combien peut-on constituer d'équipes ? Combien d'enfants seront sans équipe ?

....

....

....

....

....

....

....

....

....

....

....

....

5 Quand je divise un nombre par 17 ou par 19, je trouve le même reste : 3. Propose au moins deux autres nombres qui ont cette propriété.

....

....

....

....

....

....

....

....

FICHE 3 : DIVISIBILITÉ (1)

1 *Multiples et diviseurs d'un nombre*

a. Écris 9 multiples de 36. Y en a-t-il d'autres ?

....

....

b. Écris 9 diviseurs de 36. Y en a-t-il d'autres ?

....

....

2 Les trois divisions euclidiennes ci-dessous sont exactes.

368	15	368	16	368	14
8	24	0	23	4	26

a. Les nombres 14, 15 et 16 sont-ils des diviseurs de 368 ? Justifie.

....

....

....

b. Quel est le plus petit multiple de 15 supérieur à 368 ? Explique.

....

....

c. Quel est le plus grand multiple de 14 inférieur à 368 ? Explique.

....

....

3 Complète chaque phrase avec le mot « diviseur » ou « multiple ».

a. 18 est un .... 6.

b. 6 est un .... 18.

c. 70 est un .... 10.

d. 10 est un .... 70.

e. 9 est un .... 99.

f. 100 est un .... 10.

g. 14 est un .... 28.

h. 24 est un .... 24.

i. 1 est un .... 299.

j. 120 est un .... 12.

4 Complète le tableau.

	Le nombre ci-dessous est divisible par...	6	8	12	15	20	32
a.	4 632						
b.	25 200						
c.	54 208						
d.		non	oui	non	non	non	oui
e.		non	non	non	non	oui	non
f.		oui	oui	oui	oui	oui	oui

5 Quel est le plus grand multiple...

a. de 7 inférieur à 160 ? ....

b. de 9 inférieur à 160 ? ....

c. de 13 inférieur à 160 ? ....

d. de 20 inférieur à 505 ? ....

e. de 2 inférieur à 3 003 ? ....

6 *Multiples communs*

a. Écris tous les multiples de 4 inférieurs à 100.

....

....

....

b. Écris tous les multiples de 10 inférieurs à 100.

....

....

c. Entoure les nombres qui apparaissent dans les deux listes. Que remarques-tu ?

....

....

7 Écris la liste des diviseurs de...

a. 16 : ....

b. 20 : ....

c. 36 : ....

d. 90 : ....

e. 59 : ....

f. 33 : ....

FICHE 4 : DIVISIBILITÉ (2)

1 *Critères de divisibilité*

a. 303 030 est-il divisible par 2 ? Justifie.

b. 150 554 est-il divisible par 5 ? Justifie.

c. 100 306 est-il divisible par 10 ? Justifie.

d. 424 215 est-il divisible par 3 ? Justifie.

e. 137 319 est-il divisible par 9 ? Justifie.

f. 157 326 est-il divisible par 4 ? Justifie.

g. 594 est-il divisible par 11 ? Justifie.

2 Complète le tableau.

	Le nombre ci-dessous est divisible par...	2	3	4	5	9	10
a.	5 912						
b.	34 200						
c.	54 208						
d.	317						
e.	708						
f.		non	oui	non	non	non	non
g.		oui	oui	non	non	oui	non
h.		oui	oui	oui	oui	oui	oui
i.		non	non	non	non	non	non

3 Place les nombres suivants dans le diagramme ci-dessous.

33 75 60 50 6 11 44 95 100
25 18 27 66 30 300 15 45

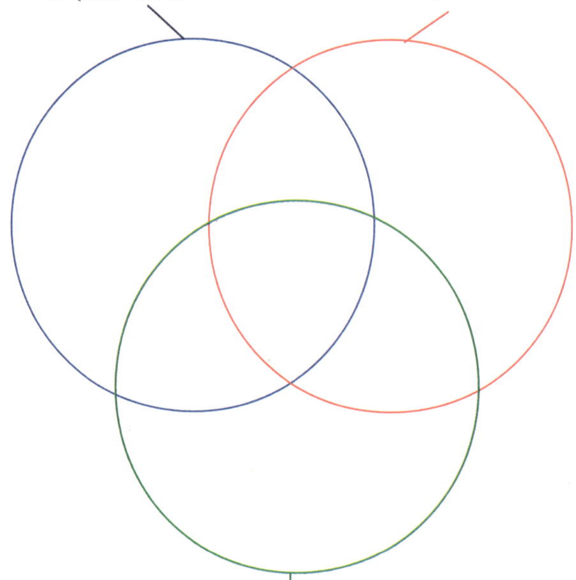

Que remarques-tu ?

4 Écris tous les nombres dont les trois chiffres sont 6 ; 5 et 4 et qui sont divisibles par...

a. 2 :

b. 3 :

c. 5 :

5 *Qui suis-je ?*

Je suis un nombre impair. Je ne suis pas divisible par 5. Je suis un multiple de 9.

180	405	270	108
168	252	945	90
135	54	126	84
139	199	20	45
3	49	225	63

Fiche 5 : Divisibilité (3)

1 Marc dispose d'une armée de petits soldats. Quand il les met par groupe de 6, il reste un soldat tout seul. Que se passera-t-il s'il les met par groupe de 3 ? Démontre ce résultat.

2 On veut démontrer que la somme de deux entiers naturels impairs consécutifs est un multiple de 4.

a. Quelle est l'écriture littérale d'un entier naturel impair ?

b. Combien faut-il ajouter à un entier naturel impair pour obtenir l'entier impair qui le suit ?

c. Donne les écritures littérales de deux entiers naturels impairs consécutifs.

d. Montre que leur somme peut s'écrire $4m$, où m est un entier naturel, puis conclus.

3 *Multiples en cascade*

a. Soit m un multiple de 8. Démontre que m est également un multiple de 4.

b. Soit b un multiple de a. Démontre que, si un nombre n est divisible par b, alors il est aussi divisible par a.

4 Jérémy souhaite faire des paquets de billes, en répartissant intégralement ses 90 billes rouges et 150 billes noires. Le contenu de chaque paquet doit être identique.

Combien de paquets pourra-t-il réaliser ? Trouve les différentes possibilités.

a. Peut-il y avoir neuf paquets ? Trente paquets ?

b. Donne la liste des diviseurs de 90.

c. Donne la liste de diviseurs de 150.

d. Quelles sont les différentes possibilités pour le nombre de paquets ?

FICHE 6 : NOMBRES PREMIERS (1)

1 Explique pourquoi aucun des nombres suivants n'est un nombre premier.

a. 276

....

b. 369

....

c. 45 655

....

d. le résultat de 59×31

....

e. 91

....

f. le résultat de $5 + 7$

....

2 Donne la liste de tous les nombres premiers inférieurs à 50.

....

....

....

....

3 Entoure les nombres premiers dans la liste ci-dessous. Pour les autres, explique pourquoi ils ne sont pas premiers.

67	72	121	60	99	101	79	93	97

....

....

....

....

....

4 Écris les nombres ci-dessous comme le produit de deux ou plusieurs nombres premiers.

a. 15 = ...

b. 77 = ...

c. 110 = ...

d. 182 = ...

e. 210 = ...

5 Utilise les égalités ci-dessous pour écrire les décompositions en facteurs premiers des nombres proposés.

a. $36 = 4 \times 9 =$ ....

b. $18\,375 = 3 \times 125 \times 49 =$ ....

c. $3\,872 = 32 \times 121 =$ ....

d. $1\,183 = 91 \times 13 =$ ....

e. $214\,375 = 625 \times 343 =$ ....

6 Les décompositions ci-dessous sont exactes mais ne sont pas des décompositions en facteurs premiers. Corrige-les et indique le résultat.

a. $2^2 \times 3^2 \times 35 =$ ....

b. $3^2 \times 5^3 \times 33 =$ ....

c. $7 \times 3^2 \times 8 \times 21 =$ ....

d. $12^2 \times 25^2 \times 5 =$ ....

e. $14 \times 5^3 \times 31 =$ ....

f. $10^4 \times 21 =$ ....

7 Écris la décomposition en facteurs premiers des nombres ci-dessous.

a. 180 = ...

b. 63 = ...

c. 1 225 = ...

d. 3 672 = ...

e. 416 = ...

f. 24 000 = ...

8 *Qui suis-je ?*

Je suis un nombre premier compris entre 100 et 150. La différence entre mon chiffre des unités et mon chiffre des centaines est le double de mon chiffre des dizaines.

Je suis ....

....

....

....

FICHE 7 : NOMBRES PREMIERS (2)

1 Simplifie les fractions suivantes.

a. $\frac{34}{118}$ = ……………………

b. $\frac{600}{96}$ = ……………………

c. $\frac{44}{121}$ = ……………………

d. $\frac{124}{32}$ = ……………………

e. $\frac{525}{560}$ = ……………………

f. $\frac{189}{78}$ = ……………………

2 Utilise les décompositions en facteurs premiers pour rendre ces fractions irréductibles.

$504 = 2^3 \times 3^2 \times 7$	$13\,500 = 2^2 \times 3^3 \times 5^3$
$4\,400 = 2^4 \times 5^2 \times 11$	$11\,466 = 2 \times 3^2 \times 7^2 \times 13$

a. $\frac{504}{4\,400}$ = ……………………

b. $\frac{504}{11\,466}$ = ……………………

c. $\frac{13\,500}{11\,466}$ = ……………………

d. $\frac{13\,500}{504}$ = ……………………

e. $\frac{11\,466}{4\,400}$ = ……………………

f. $\frac{4\,400}{13\,500}$ = ……………………

3 Rends irréductibles les fractions ci-dessous.

a. $\frac{8\,800}{1\,638}$ = ……………………

b. $\frac{64}{4\,400}$ = ……………………

c. $\frac{3\,600}{1\,225}$ = ……………………

d. $\frac{810}{1\,260}$ = ……………………

e. $\frac{1\,260}{1\,638}$ = ……………………

f. $\frac{1\,225}{1\,260}$ = ……………………

g. $\frac{1\,638}{810}$ = ……………………

4 *Qui suis-je ?*

a. Je suis un nombre premier qui admet 5 pour diviseur.

Je suis ……………………

b. Je suis un nombre premier inférieur à 20.
Je suis la somme de deux nombres premiers inférieurs à 20 et la différence de deux nombres premiers inférieurs à 20.

Je suis ……………………

c. Je suis le plus petit nombre premier supérieur à 95.

Je suis ……………………

5 Utilise Internet pour répondre à ces questions.

a. Si je tire au hasard un nombre entier compris entre 1 et 50 inclus, quelle est la probabilité que ce soit un nombre premier ?

……………………

……………………

b. Même question pour un nombre entier compris entre 1 et 100 inclus.

……………………

……………………

c. Même question pour un nombre entier compris entre 1 et 1 000 inclus.

……………………

……………………

d. Même question pour un nombre entier compris entre 1 et 10 000 inclus.

……………………

……………………

e. Que remarques-tu ?

……………………

……………………

Tableur

Première partie :

a. Dans une feuille de calcul, recopie ce tableau.

	A	B	C
1	12	18	
2	25	45	
3	13	39	
4	60	45	
5	12	13	
6	100	10	

b. Programme la cellule C1 avec la formule =PGCD(A1;B1). Puis étire cette formule vers le bas. Recopie, dans le tableau ci-dessus, les valeurs données par le tableur.

c. D'après toi, que permet de calculer PGCD(a;b) où a et b sont deux nombres entiers ?
Utilise le tableur pour tester ta conjecture.

....

....

....

....

....

....

d. Calcule de tête PGCD(24;42) et PGCD(16;64).
Vérifie tes résultats avec le tableur.

....

....

e. Lorsque PGCD(a;b) = 1, on dit que a et b sont premiers entre eux. Cela veut-il dire que a et b sont nécessairement deux nombres premiers ?

....

....

f. Lorsque PGCD(a;b) = 1, peut-on simplifier la fraction $\frac{a}{b}$? Explique.

....

....

....

Deuxième partie :

On considère la fraction $\frac{21n+4}{14n+3}$ pour tout entier n.

g. On pose $n = 5$.

- Quelle est alors cette fraction ?

....

....

- Cette fraction est-elle irréductible ? Justifie.

....

....

....

h. Dans une feuille de calcul, recopie ce tableau.

	A	B	C	D
1	n	$21n + 4$	$14n + 3$	
2	1			
3	2			
4	3			
5	4			
6	5			
7	6			
8	7			
9	8			
10	9			
11	10			

i. Programme les cellules B2 et C2, puis étire les formules vers le bas. Recopie ci-dessus les résultats.

j. Programme la cellule D2 avec la formule =PGCD(B2;C2).

k. Étire cette formule vers le bas.
Que remarques-tu ?

....

....

l. La fraction $\frac{21n+4}{14n+3}$ est-elle irréductible ?
Émets une conjecture.

....

....

Calcul littéral et équations

N2

Fiche 1 : Identités remarquables (1)

1 Développe, puis réduis chaque expression.

$A = 9x(6 - 6x)$

$B = 3(4x + 7) + 4(2x - 9)$

$C = 7x(2x - 5) - x(2x - 5)$

2 Développe, puis réduis chaque expression.

$D = (2x + 5)(3x + 7)$

$D = 2x \times$ ...... $+ 2x \times$ ...... $+ 5 \times$ ...... $+ 5 \times$ ......

$D =$ ......

$D =$ ......

$E = (2x - 5)(3x - 2)$

$F = (2 + x)(5x - 4)$

3 Développe, puis réduis chaque expression.

$G = (x + 7)(3 - 2x) + (5x - 2)(4x + 1)$

$H = (5x - 2)(5x - 8) - (3x - 5)(x + 7)$

4 Développe, puis réduis chaque expression.

$J = (x + 5)^2$

$K = (4 + 7x)^2$

$L = (4x + 6)^2$

FICHE 2 : IDENTITÉS REMARQUABLES (2)

1 Développe, puis réduis chaque expression.

$S = (x - 5)^2$

....

....

$T = (3x - 7)^2$

....

....

$U = (1 - 6x)^2$

....

....

2 Développe, puis réduis chaque expression.

$C = (y + 3)(y - 3)$

....

....

$D = (2x + 5)(2x - 5)$

....

....

$E = (3 + 4x)(4x - 3)$

....

....

3 Développe, puis réduis chaque expression.

a. $(x + 8)^2 =$ ....

b. $(3x - 9)^2 =$ ....

c. $(x + 7)(x - 7) =$ ....

d. $(4y - 5)(4y + 5) =$ ....

e. $(6 - 2t)^2 =$ ....

4 Complète chaque égalité, en choisissant l'identité remarquable qui convient.

a. $(3x +$ ....$)^2 =$ .... + ... + 49

b. $(5x -$ ....$)^2 =$ .... - ....+ 36

c. $(6x +$ ....)(.......... - ....) = ... - 64

d. (..........................$)^2 =$ .... $+ 70x + 25$

e. (..........................$)^2 = 16x^2 - 72x +$ ....

5 Développe, puis réduis chaque expression.

a. $F = (3x + 7)^2 + (7x - 3)^2$

....

....

....

....

....

b. $G = (x + 2)^2 - (3x - 5)^2$

....

....

....

....

....

6 *En substituant*

a. Développe et réduis l'expression suivante.

$M = 3(x + 5) - (x - 8)^2$

....

....

....

b. En utilisant la forme développée, calcule M pour $x = -2$.

....

....

....

7 *Calculs avec la forme développée*

a. Développe et réduis l'expression suivante.

$H = (2x - 5)^2 - (4x + 1)^2$

....

....

....

b. Calcule l'expression H pour $x = 3$.

....

....

....

FICHE 3 : IDENTITÉS REMARQUABLES (3)

1 Développe, puis réduis chaque expression.

$A = \left(\frac{3}{4} + x\right)^2$

$B = \left(3x - \frac{2}{3}\right)^2$

$C = \left(\frac{5}{2}x - \frac{1}{3}\right)\left(\frac{5}{2}x + \frac{1}{3}\right)$

2 Calcule rapidement, en utilisant une identité remarquable.

a. $101^2 = (100 + 1)^2$

$101^2 =$ ……

b. $1\,001^2 =$ (………… + …………)^2

$1\,001^2 =$ ……

c. $99^2 =$ ……

d. $401 \times 399 =$ ……

e. $45 \times 35 =$ ……

3 *Juste ou non ?*

a. Pierre doit calculer $100\,001^2$. Avec sa calculatrice, il trouve $1{,}000\,02 \times 10^{10}$ et déclare que le résultat est faux. Explique pourquoi.

b. Calcule $100\,001^2$ en utilisant une identité remarquable.

$100\,001^2 =$ ……

4 *Avec des carrés*

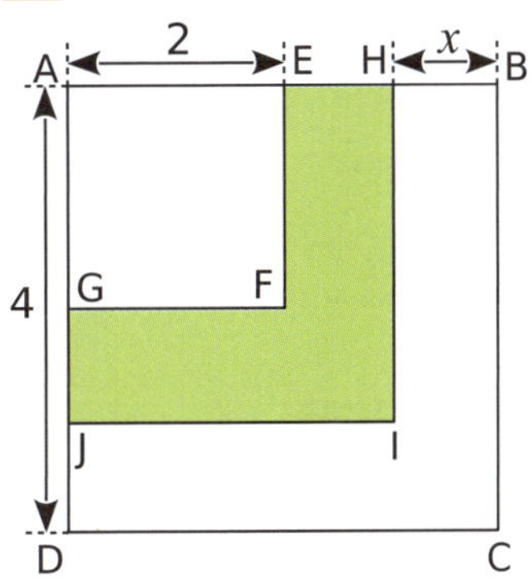

a. Dans la figure ci-contre, AEFG, AHIJ et ABCD sont des carrés. Calcule AH en fonction de x.

b. Déduis-en l'aire de AHIJ.

c. Entoure ci-dessous la (ou les) expressions(s) algébrique(s) correspondant à l'aire de la partie verte.

$M = (4 - x)^2 - 2^2$ $\qquad$ $P = 4^2 - x^2 - 2^2$

$N = (4 - x - 2)^2$

d. Développe et réduis l'expression $Q = (4 - x)^2 - 4$.

e. Calcule Q pour $x = 2$.
Que traduit ce résultat pour la figure ?

FICHE 4 : FACTORISATION AVEC UN FACTEUR COMMUN (1)

1 *Repérer le facteur commun*

· Dans les sommes et les différences suivantes, souligne le facteur commun.

a. $3(x - 3) + 3 \times 4$

b. $xy + x(y + 1)$

c. $(x + 1)(2x - 5) + (x - 7)(x + 1)$

d. $2t(t - 7) - t(-t + 5)$

· Transforme les sommes et les différences suivantes, de façon à faire apparaitre un facteur commun. Entoure-le en rouge.

e. $9y + 12 =$ ....

f. $x^2 + 5x =$ ....

g. $(x + 1)^2 - 2(x + 1)$

$=$ ....

h. $(t - 7)(2t + 1) + (2t + 1)^2$

$=$ ....

2 *Factorisations guidées*

a. Factorise A par $(x + 2)$, puis réduis.

$A = (x + 2)(2x - 1) + (x + 2)(3x + 2)$

....

....

b. Factorise B par $(x - 7)$, puis réduis.

$B = (5x - 3)(x - 7) - (2x + 4)(x - 7)$

....

....

....

3 Factorise puis réduis.

$C = (2x - 1)(x - 5) + (3x + 7)(x - 5)$

....

....

$D = (2x + 5)(x - 3) + (2x + 5)(-3x + 1)$

....

....

....

$E = (3x + 7)(2x - 9) - (3x + 7)(5x - 7)$

....

....

....

$F = (-3x + 4)(3x - 8) - (-3x + 4)(7x + 2)$

....

....

....

$G = (8y + 3)(5y + 7) - 3(8y + 3)(2y - 1)$

....

....

....

4 Factorise, puis réduis chaque expression.

$H = (2x + 1)(x - 3) + (2x + 1)$

$H = (2x + 1)(x - 3) + (2x + 1) \times$ ......

$H = (2x + 1) \times$ ....

$H =$ ....

$J = (3x + 2) - (2x - 7)(3x + 2)$

....

....

....

$K = -x - (3x - 2)x$

....

....

....

5 Soit $L = (2x + 1)(6x + 1) - (2x + 1)(2x - 7)$.

a. En factorisant, vérifie que $L = (2x + 1)(4x + 8)$.

....

....

....

b. En factorisant $4x + 8$, déduis-en une nouvelle factorisation de L.

....

FICHE 5 : FACTORISATION AVEC UN FACTEUR COMMUN (2)

1 Factorise, puis réduis chaque expression.

$M = (x - 1)^2 + (x - 1)(2x + 3)$

$M = ($.................$) \times ($.................$) + (x - 1)(2x + 3)$

$M =$ ....

$M =$ ....

$N = (2x + 3)(x - 5) - (x - 5)^2$

....

....

....

2 Factorise, puis réduis chaque expression.

$P = (2x + 3)^2 + (x - 2)(2x + 3)$

....

....

....

....

$Q = (2t - 7) - (5t + 1)(2t - 7)$

....

....

....

....

$R = 2y^2 - y(4y - 7)$

....

....

....

....

3 Factorise et réduis chaque expression.

$S = \left(\frac{2}{3}x + 1\right)(x - 5) - (3x + 9)\left(\frac{2}{3}x + 1\right)$

....

....

....

$T = \left(3t + \frac{3}{4}\right)(t - 5) + (t - 5)\left(- 5t + \frac{5}{6}\right)$

....

....

....

....

4 Soit $U = (2t - 5) + (2t - 5)(x - 1) - x(t - 5)$.

a. Montre que $U = tx$.

....

....

....

....

....

b. Calcule U pour $x = \frac{2\,507}{3\,012}$ et $t = \frac{3\,012}{2\,507}$.

....

....

....

5 Voici un programme de calcul.

- Choisir un nombre entier n.
- Mettre n au carré. Prendre le double du résultat.
- Soustraire au résultat précédent le produit de n par l'entier qui le suit.

a. Écris une expression littérale traduisant ce programme.

....

b. Factorise et réduis cette expression.

....

....

c. Finalement, le programme de calcul revient à...

....

....

Fiche 6 : Factorisation et identités remarquables (1)

1 *En suivant le guide*

a. Transforme l'expression A pour qu'elle soit de la forme $a^2 + 2ab + b^2$, puis factorise-la.

$A = x^2 + 8x + 16$

....

....

b. Transforme l'expression B pour qu'elle soit de la forme $a^2 - 2ab + b^2$, puis factorise-la.

$B = x^2 - 20x + 100$

....

....

....

c. Transforme l'expression C pour qu'elle soit de la forme $a^2 - b^2$, puis factorise-la.

$C = x^2 - 16$

....

....

....

2 Factorise chaque expression ci-dessous.

$D = 9x^2 + 30x + 25$

....

....

....

$E = x^2 + 10x + 25$

....

....

....

$F = 4t^2 + 24t + 36$

....

....

....

$G = 9x^2 + 64 + 48x$

....

....

....

3 Factorise chaque expression ci-dessous.

$H = 9 + 4x^2 - 12x$

....

....

....

$J = x^2 - 2x + 1$

....

....

....

$K = y^2 - 18y + 81$

....

....

....

$L = 16x^2 + 25 - 40x$

....

....

....

4 Factorise chaque expression ci-dessous.

$M = x^2 - 49$

....

....

$N = 81 - t^2$

....

....

$P = 16x^2 - 36$

....

....

....

$Q = 25 - 4y^2$

....

....

....

FICHE 7 : FACTORISATION ET IDENTITÉS REMARQUABLES (2)

1 Complète le tableau suivant, de façon à obtenir une expression de la forme $a^2 + 2ab + b^2$ ou $a^2 - 2ab + b^2$, puis sa forme factorisée.

	Expression	a	b	$(a + b)^2$ ou $(a - b)^2$
a.	$x^2 + \ldots\ldots + 4$			
b.	$4x^2 - 8x + \ldots\ldots$			
c.	$\ldots\ldots - 20x + 4$			
d.	$9x^2 - 42x + \ldots\ldots$			
e.	$\ldots\ldots + 30x + 25$			
f.	$16x^2 + \ldots\ldots + 16$			

2 Pour chaque ligne du tableau ci-dessous, choisis et entoure la bonne réponse parmi les trois proposées. Aucune justification n'est demandée.

	L'expression factorisée de...	Réponse A	Réponse B	Réponse C
a.	$x^2 - 100$ est	$(x - 10)(x + 10)$	$(x - 50)(x + 50)$	$(x - 10)^2$
b.	$4x^2 - 12x + 9$ est	$(2x + 3)(2x - 3)$	$(2x + 3)^2$	$(2x - 3)^2$
c.	$9x^2 - 16$ est	$(3x - 4)^2$	$(3x + 4)(3x - 4)$	$(3x + 4)^2$
d.	$(x + 1)^2 - 9$ est	$(x - 2)(x + 4)$	$x^2 + 2x - 8$	$(x - 8)(x + 10)$
e.	$25x^2 + 60x + 36$ est	$(25x + 6)^2$	$(5x + 6)^2$	$(- 5x + 6)^2$
f.	$(2x + 1)^2 - 1$ est	$(2x + 1)(2x - 1)$	$2x(2x - 2)$	$2x(2x + 2)$

3 Factorise, puis réduis chaque expression.

$R = (x + 4)^2 - 49$

$R = (x + 4)^2 - \ldots\ldots^2$

....

....

....

$S = (x - 4)^2 - (2x - 1)^2$

$a^2 - b^2$ avec $a =$ .... et $b =$ ....

....

....

....

$T = 4 - (1 - 3x)^2$

....

....

....

4 Factorise, puis réduis chaque expression.

$U = (3 - 2x)^2 - 4$

....

....

....

....

$V = 121 - (x - 7)^2$

....

....

....

$W = (7x + 8)^2 - (9 - 5x)^2$

....

....

....

....

FICHE 8 : ÉQUATIONS ET ÉQUATIONS PRODUITS (1)

1 *Solution de l'équation ?*

a. Le nombre 3 est-il solution de l'équation $5x - 2 = 4x + 1$? Justifie.

b. Le nombre -2 est-il solution de l'équation $x(3x + 4) = (2x + 5)(x - 2)$? Justifie.

2 Résous chaque équation ci-dessous.

a. $5(x + 3) = 3 + (2x - 6)$

b. $\frac{x+3}{3} - \frac{4x-1}{6} = 3 + \frac{x}{3}$

3 Résous chaque équation ci-dessous.

a. $-2(2x - 4) = 6x - (-3 + x)$

b. $4x - 2 + (5x - 1) = -3(7 - x)$

c. $\frac{x+5}{2} - \frac{2x-7}{5} = 2 + \frac{3x}{10}$

4 Résous chaque équation ci-dessous.

a. $(3x + 1)(x - 5) = 0$

b. $(3x + 7)(4x - 8) = 0$

c. $5(9x - 3)(-5x - 13) = 0$

FICHE 9 : ÉQUATIONS ET ÉQUATIONS PRODUITS (2)

1 Soit $E = (3x + 2)(4x - 2) + (4x - 2)(x - 6)$.

a. Factorise E.

b. Résous l'équation $E = 0$.

2 Factorise, puis résous chaque équation.

a. $(7x - 2)(2 - 3x) + (4x + 3)(7x - 2) = 0$

b. $(9x - 4)(- 2 + 5x) - (9x - 4)(3x - 5) = 0$

3 Résous chaque équation ci-dessous.

a. $4(2 + 3x) - (x - 5) = 0$

b. $4(2 + 3x)(x - 5) = 0$

4 Factorise, puis résous chaque équation.

a. $x^2 - 49 = 0$

b. $9x^2 - 36 = 0$

c. $25x^2 = 4$

d. $4x^2 + 4x + 1 = 0$

FICHE 10 : SYNTHÈSE (1)

1 On donne $A = (2x - 6)(x + 2) + 5(x + 2)$.

a. Développe et réduis A.

A = ...

....

....

....

b. Factorise A.

$A = (2x - 6)(x + 2) + 5(x + 2)$

A = ...

....

c. Calcule A pour $x = 3$.

A = ...

....

....

d. Résous l'équation $(2x - 1)(x + 2) = 0$.

....

....

....

....

2 On considère $B = (2x + 1)^2 - 49$.

a. Développe et réduis B.

B = ...

....

....

....

b. Factorise B.

$B = (2x + 1)^2 - 49$

B = ...

....

c. Résous l'équation $(2x - 6)(2x + 8) = 0$.

....

....

....

....

3 On considère $C = (x - 2)^2 - 2(x - 2)$.

a. Factorise C.

C = ...

....

....

b. Développe et réduis C.

C = ...

....

....

....

c. Calcule C pour $x = 1$.

C = ...

....

....

d. Résous l'équation $(x - 2)(x - 4) = 0$.

....

....

....

....

4 Soit l'expression $D = (x + 5)^2 - 7x(x + 5)$.

a. Développe puis réduis D.

....

....

....

....

b. Factorise D.

....

....

....

c. Résous l'équation $(x + 5)(- 6x + 5) = 0$.

....

....

....

....

FICHE 11 : SYNTHÈSE (2)

1 *Avec astuce*

a. On considère $G = (x - 3)^2 - (x - 1)(x - 2)$.
Développe et réduis G.

b. Déduis-en le résultat de $9\,997^2 - 9\,999 \times 9\,998$.

2 *Calculs astucieux*

a. Développe et réduis $F = (x + 1)^2 - (x - 1)^2$.

b. Déduis-en le résultat de $10\,001^2 - 9\,999^2$.

3 *Triangle rectangle*

À l'aide du théorème de Pythagore, calcule x.

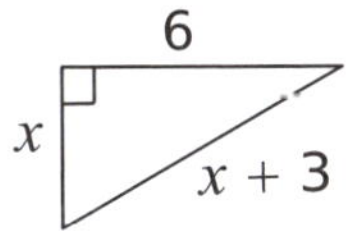

4 On considère ce programme de calcul.

- Choisir un nombre.
- Calculer son double.
- Soustraire 1.
- Calculer le carré du résultat obtenu.
- Soustraire 64.

a. Montre que, si on choisit 4 comme nombre de départ, on obtient -15.

b. Si on appelle x le nombre de départ, écris une expression qui traduit le programme.

c. On considère $R = (2x - 1)^2 - 64$. Factorise R.

d. Résous $R = 0$.

e. Quel(s) nombre(s) faut-il choisir au départ pour que le résultat du programme de calcul soit nul ?

5 Factorise l'expression $E = (9 - 12x + 4x^2) - 4$.

Fiche 12 : Activités numériques (1)

1 **Tableur** Tom doit calculer $3{,}5^2$. « *Pas la peine de prendre la calculatrice,* lui dit Julie, *tu n'as qu'à effectuer le produit de 3 par 4 et rajouter 0,25.* »

a. Effectue le calcul proposé par Julie et vérifie que le résultat obtenu est bien le carré de 3,5.

....

b. Propose une façon simple de calculer $7{,}5^2$ et donne le résultat.

....

c. Julie propose la conjecture suivante : $(n + 0{,}5)^2 = n(n + 1) + 0{,}25$ où n est un nombre entier positif.
Utilise un tableur pour compléter le tableau ci-dessous.

n	1	2	3	4	5	6	7	8	9	10
$(n + 0{,}5)^2$										
$n(n + 1) + 0{,}25$										

Que dire de la conjecture de Julie ? ....

d. Prouve que la conjecture de Julie est vraie (quel que soit le nombre n).

....

....

2 **Tableur** *Justine et Samir*

a. À l'aide du tableur, complète la feuille de calcul ci-dessous.

	A	B	C	D	E	F	G	H	I	J	K	L	M	N	O	P	Q	R	S	T
1	x	– 9	– 8	– 7	– 6	– 5	– 4	– 3	– 2	– 1	0	1	2	3	4	5	6	7	8	9
2	$x^2 + 3x - 7$																			
3	$4x + 5$																			

Tu répondras à chacune des questions, en utilisant les valeurs de ce tableau et en justifiant.

b. On souhaite résoudre l'équation : $x^2 + 3x - 7 = -3$.

- Justine dit que le nombre – 4 est solution. A-t-elle raison ?

....

- Samir pense que le nombre – 7 est solution. A-t-il raison ?

....

....

- Peut-on trouver une autre solution ?

....

c. Quelle est la solution de l'équation $4x + 5 = -3$?

....

....

d. Quelles sont les deux solutions de l'équation $x^2 + 3x - 7 = 4x + 5$?

....

....

Fiche 13 : Activités numériques (2)

Tableur

On dispose d'un carré de métal doré de 40 cm de côté.
Pour fabriquer une boite parallélépipédique, on enlève à chaque coin un carré de côté x et on relève les bords par pliage.

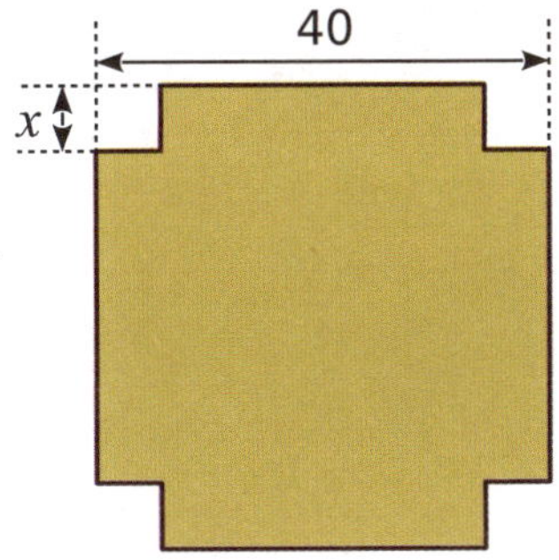

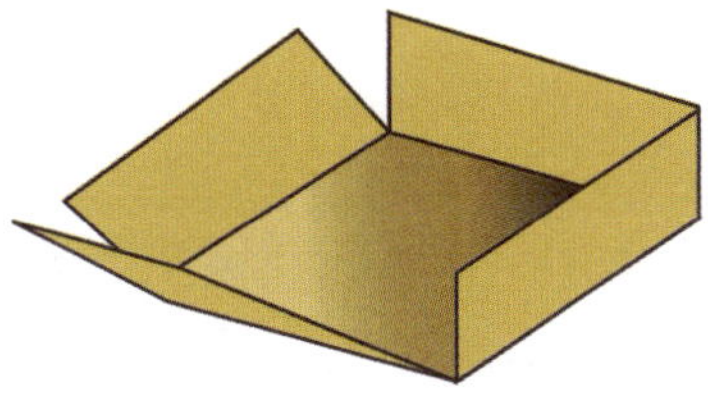

a. Quelles sont les valeurs possibles de x ? ……………………………………………

b. On donne $x = 5$ cm. Calcule le volume de la boite.

……………………………………………………………………………………

……………………………………………………………………………………

Le graphique ci-contre donne le volume de la boite en fonction de la longueur x.

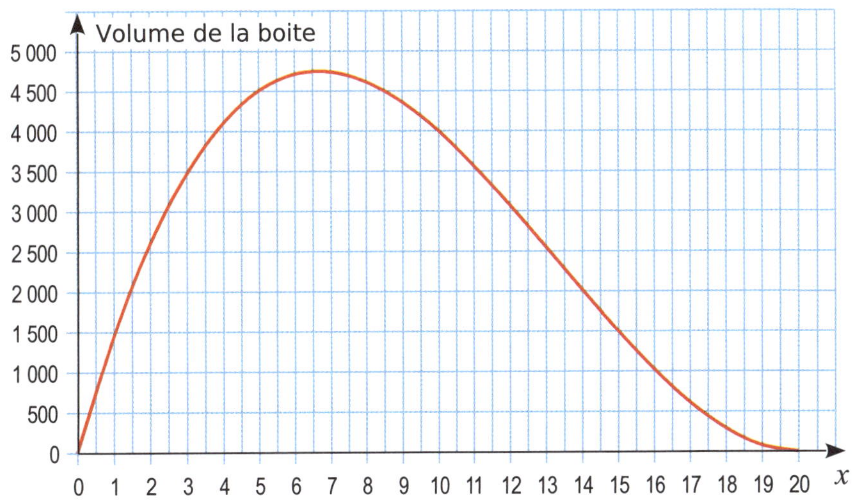

c. À l'aide de ce graphique, donne un encadrement, à l'unité, de la valeur de x pour laquelle le volume de la boite est maximum.

……………………………………………………

d. Donne le volume de cette boite en fonction de x.

……………………………………………………

……………………………………………………

e. Recopie cette feuille de calcul dans un tableur.

	A	B	C
1	x	$40 - 2x$	Volume de la boite
2	6		
3	6,1		
4	6,2		
5	6,3		
6	6,4		
7	6,5		
8	6,6		
9	6,7		
10	6,8		
11	6,9		
12	7		

f. Programme les cellules B2 et B3 pour qu'elles calculent les expressions demandées. Étire ensuite ces formules vers le bas. Recopie les nombres obtenus dans le tableau ci-contre.

g. Donne alors un encadrement, au dixième, de la valeur de x pour laquelle le volume de la boite est maximum.

……………………………………………………

h. En modifiant les nombres de la première colonne, donne un encadrement de cette valeur au centième.

……………………………………………………

i. Cette valeur n'est pas un nombre décimal mais une fraction de dénominateur 3. Laquelle ?

……………………………………………………

j. Calcule le volume optimal de cette boite.

……………………………………………………

……………………………………………………

……………………………………………………

……………………………………………………

N3 Inéquations

Fiche 1 : Inégalité

1 Sachant que $x \geqslant 6$, déduis-en une inégalité pour chaque expression.

a. $x + 4,5$ ....

b. $x - 15$ ....

c. $x + (-4)$ ....

d. $x - (-1,2)$ ....

2 **a.** Sachant que $x < 5$, déduis-en une inégalité pour $x + 6$.

....

b. Sachant que $y \geqslant -2$, déduis-en une inégalité pour $y - 1$.

....

c. Sachant que $-1 < a < 2,5$ déduis-en un encadrement pour $a + 1$.

....

d. Sachant que $0,5 < y < 4,1$ déduis-en un encadrement pour $y - 3,5$.

....

3 Écris $\frac{11}{3}$ et $\frac{23}{7}$ sous la forme d'une somme d'un entier et d'une fraction plus petite que 1.

$\frac{11}{3} =$ .... $\frac{23}{7} =$ ....

Déduis, sans calcul, la comparaison de $\frac{11}{3}$ et $\frac{23}{7}$.

....

4 m et n sont deux nombres tels que $m > n$.

a. Compare $m + 3,5$ et $n + 3,5$.

....

b. Compare $m - \frac{2}{3}$ et $n - \frac{2}{3}$.

....

5 Compare les nombres suivants.

a. $\pi + 4,09$ et $\pi + 4,1$

....

....

b. $5,4 - x$ et $5,35 - x$

....

....

6 *En multipliant par un nombre positif*

a. x et y sont tels que $x < y$. Compare $4x$ et $4y$.

....

b. Sachant que $s > -3$, déduis-en une inégalité pour $2s$.

....

c. Sachant que $u < -2$, déduis-en une inégalité pour $\frac{u}{5}$.

....

7 *En multipliant par un nombre négatif*

a. x et y sont tels que $x \leqslant y$. Compare $-5x$ et $-5y$.

....

b. Sachant que $a \leqslant 4$, déduis-en une inégalité pour $-3a$.

....

c. Sachant que $v > -5$, déduis-en une inégalité pour $-4v$.

....

8 Sachant que $-4 < x < 5$, on veut encadrer $3x - 2$.

a. Encadre $3x$: ....

b. Encadre $3x - 2$: ....

FICHE 2 : RÉSOUDRE UNE INÉQUATION (1)

1 « Vrai » ou « Faux » ?

a. $4 \geqslant -2$ ....

b. $7{,}2 < 7{,}201$ ....

c. $\frac{7}{5} \leqslant \frac{5}{7}$ ....

d. $-8 > -3$ ....

e. $-6{,}32 \geqslant -6{,}4$ ....

f. $\frac{9}{8} < -\frac{9}{8}$ ....

2 Entoure les nombres solutions de chacune des inéquations suivantes.

a. On considère l'inéquation $x \geqslant -5$.

12,3	- 15	0	- 5	- 5,3	- 4,7

b. On considère l'inéquation $x > 8{,}7$.

8,7	9	0	15,9	- 7,8	- 25

c. On considère l'inéquation $x < -7{,}42$.

42	- 7,42	0	- 8	- 27	- 7

d. On considère l'inéquation $x \leqslant \frac{5}{3}$.

1,7	$\frac{5}{3}$	0	27	$-\frac{5}{3}$	1,6

3 Le nombre 4 est-il solution de chacune des inéquations suivantes ? Et le nombre - 2,5 ?

a. $4x \geqslant -10$

b. $4 - 3x < 13$

4 L'inéquation $5x - 3 > 1 + 3x$ est-elle vérifiée pour $x = 0$?

5 L'inéquation $2x - 1 \leqslant -3x$ est-elle vérifiée...

a. pour $x = 0$?

b. pour $x = 3$?

c. pour $x = -2$?

d. pour $x = -10{,}1$?

6 L'inéquation $3x - \frac{1}{2} \geqslant x + 1$ est-elle vérifiée pour $x = \frac{3}{4}$?

Fiche 3 : Résoudre une inéquation (2)

1 Soit x un nombre tel que $x < 5$.

a. Quelle inégalité vérifie $x + 3$?

$x +$ .... $< 5 +$ .... donc $x + 3 <$ ....

b. Quelle inégalité vérifie $x - 3$?

....

....

c. Quelle inégalité vérifie $3x$?

....

....

d. Quelle inégalité vérifie $-2x$?

....

....

e. Quelle inégalité vérifie $\frac{3}{5}x$?

....

....

2 Sachant que $a \geqslant -12$, complète avec un symbole d'inégalité et un nombre.

a. $a + 20 \geqslant$ ....

b. $2a$ ....

c. $-3a$ ....

d. $1{,}5a$ ....

e. $\frac{a}{3}$ ....

f. $\frac{1}{2}a$ ....

g. $-\frac{1}{4}a$ ....

3 La calculatrice de Mathieu est tombée en panne et le professeur demande un encadrement de certaines données. Aide Mathieu.

a. Encadre le périmètre $\mathscr{P}$ d'un carré dont le côté c est compris entre 3,2 et 3,3 cm.

....

....

b. Donne un encadrement, à 10^{-2} près, du nombre $-2{,}5\pi$ sachant que $\pi \approx 3{,}1416$.

$3{,}141 < \pi <$ ....

....

....

c. Donne un encadrement, à 10^{-2} près, du nombre $-5 - 3\sqrt{3}$ sachant que $\sqrt{3} \approx 1{,}7321$.

....

....

....

....

d. Le nombre d'Euler, noté e, a pour valeur approchée 2,7182. Donne un encadrement de $8 - 3e$, à 10^{-2} près.

....

....

....

....

4 Résous chaque inéquation ci-dessous.

a. $x + 4 < -7$

....

....

....

....

b. $3x < -2$

....

....

....

....

c. $-2x < 8$

....

....

....

....

d. $-5x \geqslant -15$

....

....

....

....

FICHE 4 : RÉSOUDRE UNE INÉQUATION (3)

1 Résous chaque inéquation ci-dessous.

a. $x - 4 > 12$

....

....

b. $-4x \geqslant 48$

....

....

c. $-x \leqslant -3$

....

....

2 Résous chaque inéquation ci-dessous.

a. $5x - 3 \leqslant -4x$

....

....

....

b. $-3x + 15 \geqslant -72 - 2x$

....

....

....

....

c. $14x - 25 \leqslant 17x + 50$

....

....

....

....

....

d. $x + \frac{1}{4} \leqslant 2x - \frac{2}{3}$

....

....

....

....

3 Résous chaque inéquation ci-dessous.

a. $5(x - 2) \leqslant 4x - 2$

....

....

....

....

b. $-6(2x + 2) \geqslant 3x - 27$

....

....

....

....

....

4 *Inéquations singulières*

a. Résous l'inéquation $12x + 3 > 12x$.

....

....

....

b. Résous l'inéquation $3(5 - 4x) \leqslant -2(6x - 3)$.

....

....

....

....

5 *Deux inéquations*

a. Résous l'inéquation $-2x + 7 > 9$.

....

....

....

b. Résous l'inéquation $3x + 5 > -4$.

....

....

....

c. Quel entier vérifie les deux inégalités précédentes ?

....

FICHE 5 : REPRÉSENTATION GRAPHIQUE

1 Représente graphiquement les inégalités suivantes. Colorie les solutions.

a. $x \leqslant 6$

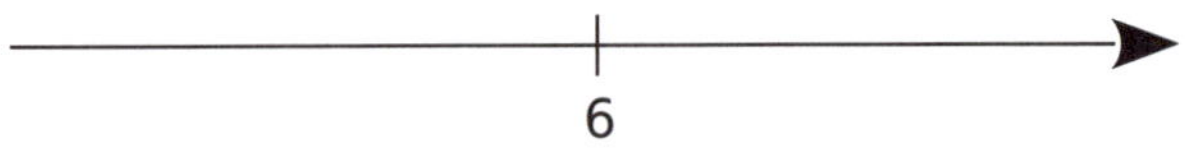

b. $y > -1{,}4$

c. $z \geqslant 7{,}8$

2 Représente graphiquement les solutions de chaque inégalité ci-dessous. Hachure ce qui n'est pas solution.

a. $x \geqslant -3{,}6$

b. $t < -4{,}6$

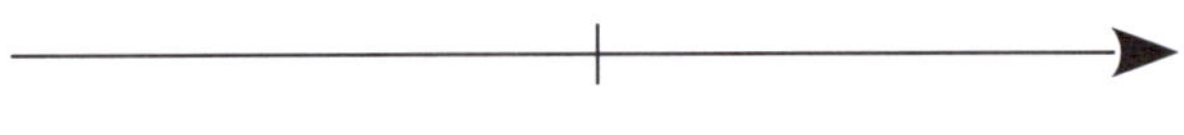

c. $u \leqslant 0{,}6$

3 Pour chaque inégalité ci-dessous, entoure le graphique où sont hachurés les nombres qui ne sont pas solutions.

a. $x \geqslant 7{,}1$

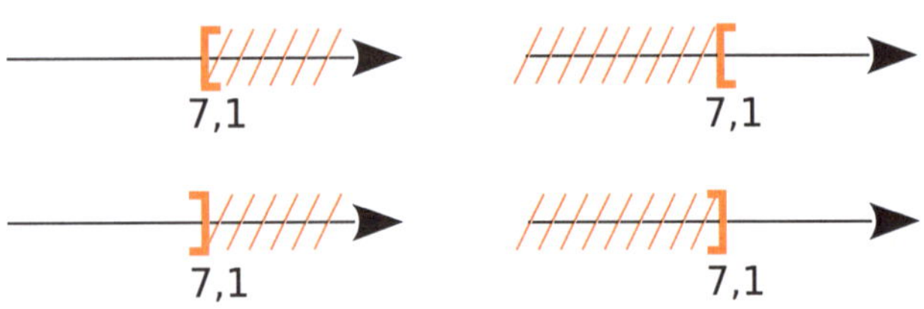

b. $u > -5{,}2$

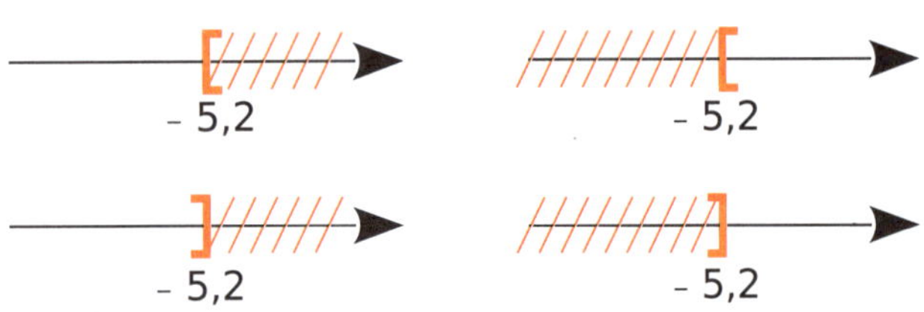

c. $v \leqslant -4$

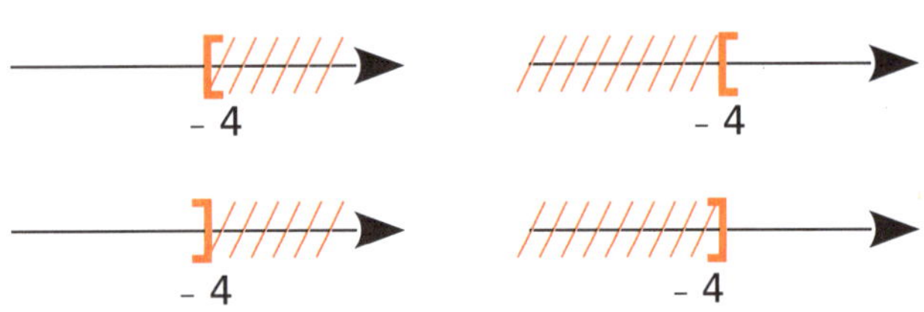

4 Écris des inégalités dont les solutions sont représentées ci-dessous.

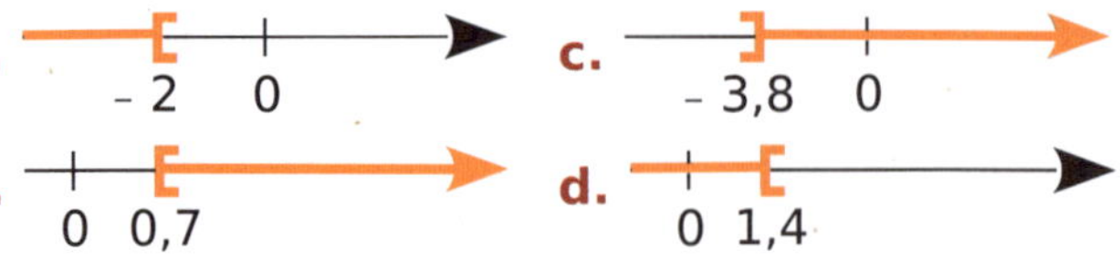

a. ....

b. ....

c. ....

d. ....

5 *Sans résoudre*

a. 0 est-il solution de $3x - 2 > 4x + 1$?

....

....

....

b. Parmi les représentations suivantes, entoure celle qui représente les solutions de l'inéquation $3x - 2 > 4x + 1$ (la portion en orange représente les solutions).

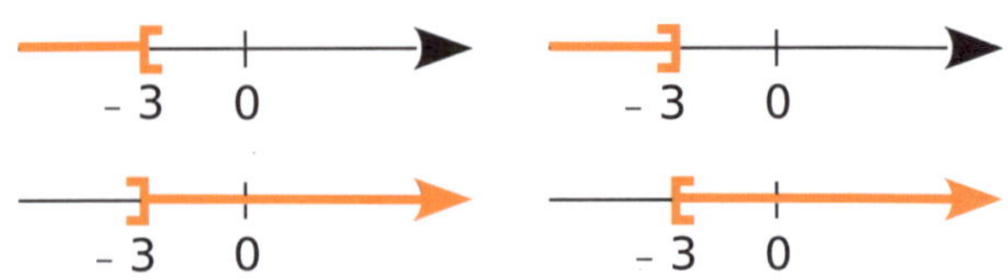

6 Résous les inéquations suivantes et trace une représentation graphique de leurs solutions.

a. $7x + 4 \leqslant 3x - 2$. (Colorie ce qui est solution.)

....

....

....

....

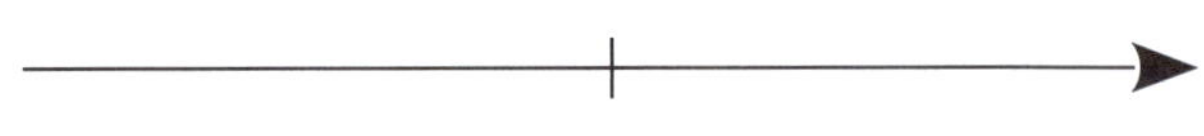

b. $2x - 5 < 3x + 7$. (Hachure ce qui n'est pas solution.)

....

....

....

FICHE 6 : RÉSOLUTION DE PROBLÈMES

1 Un parc de loisirs propose plusieurs tarifs.

Formule A ➤	7 € l'entrée
Formule B ➤	Abonnement annuel de 35 € puis 4,50 € l'entrée

a. À partir de combien d'entrées la formule B est-elle plus avantageuse que la formule A ?

Choix de l'inconnue

On désigne par x le nombre d'entrées achetées au cours d'une année.

Mise en inéquation du problème

Le prix payé avec la formule A en fonction de x est

……………………………………………………………

Le prix payé avec la formule B en fonction de x est

……………………………………………………………

La formule B est donc plus avantageuse lorsque

………………… < ………………… .

Résolution de l'inéquation

……………………………………………………………

……………………………………………………………

……………………………………………………………

Conclusion

La formule B est plus avantageuse que la formule A

lorsqu'on achète ……………………………………………

……………………………………………………………

Ce parc propose également un troisième tarif.

Formule C ➤	Abonnement annuel de 143 € pour un nombre illimité d'entrées

b. À partir de combien d'entrées la formule C est-elle plus avantageuse que la formule B ?

……………………………………………………………

……………………………………………………………

……………………………………………………………

……………………………………………………………

……………………………………………………………

……………………………………………………………

……………………………………………………………

……………………………………………………………

……………………………………………………………

2 ABCD est un rectangle et EFG est un triangle équilatéral. x désigne un nombre strictement supérieur à 3.

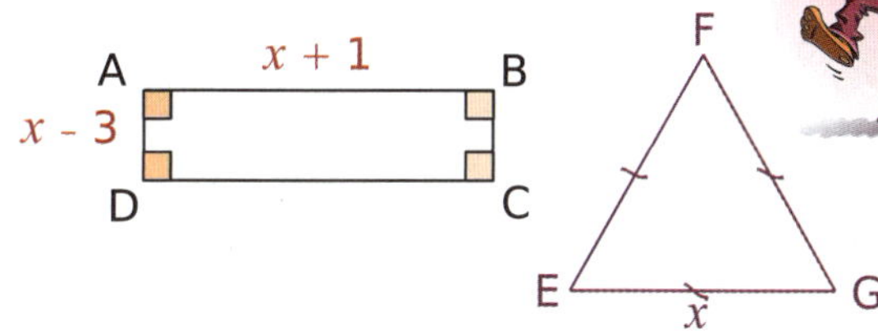

a. Exprime le périmètre de ABCD et le périmètre de EFG, en fonction de x.

……………………………………………………………

……………………………………………………………

b. Détermine les valeurs de x pour lesquelles le périmètre du rectangle est strictement inférieur à celui du triangle.

……………………………………………………………

……………………………………………………………

……………………………………………………………

……………………………………………………………

……………………………………………………………

……………………………………………………………

……………………………………………………………

……………………………………………………………

3 Un bureau de recherche emploie 27 informaticiens et 15 mathématiciens. On envisage d'embaucher le même nombre x d'informaticiens et de mathématiciens. Combien faut-il embaucher de spécialistes de chaque sorte pour que le nombre de mathématiciens soit au moins égal aux deux tiers du nombre d'informaticiens ?

……………………………………………………………

……………………………………………………………

……………………………………………………………

……………………………………………………………

……………………………………………………………

……………………………………………………………

……………………………………………………………

……………………………………………………………

……………………………………………………………

G1 Théorème de Thalès

Fiche 1 : Théorème de Thalès (1)

1 Dans chaque cas ci-dessous, écris les rapports égaux. (Les droites en vert sont parallèles.)

Figure 1

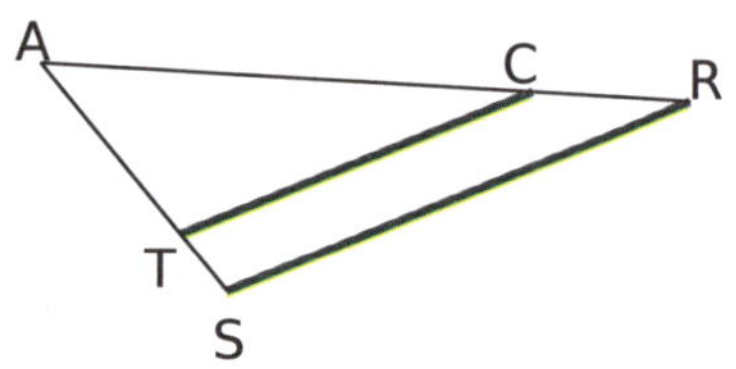

a. Dans le triangle ARS, ...

....

....

....

donc $\frac{AT}{.......} = \frac{AC}{.......} = \frac{.......}{SR}$.

Figure 2

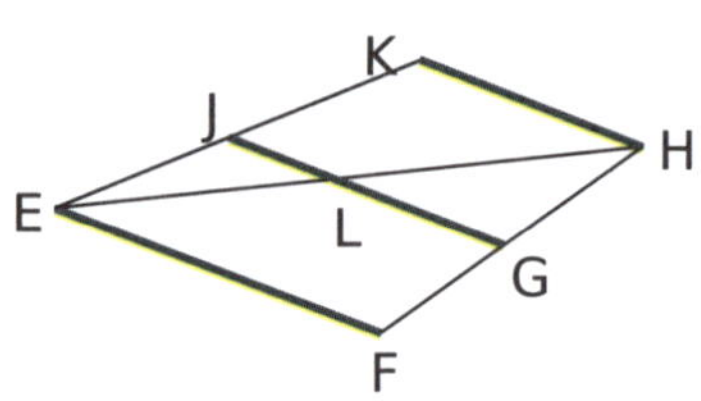

b. Dans le triangle EFH, ...

....

....

....

donc $\frac{........}{........} = \frac{........}{........} = \frac{........}{........}$.

c. Dans le triangle ...., ...

....

....

....

donc $\frac{......}{......} = \frac{......}{......} = \frac{......}{......}$.

2 Les droites (AS) et (BR) sont parallèles. Les longueurs données sur la figure sont en centimètres.

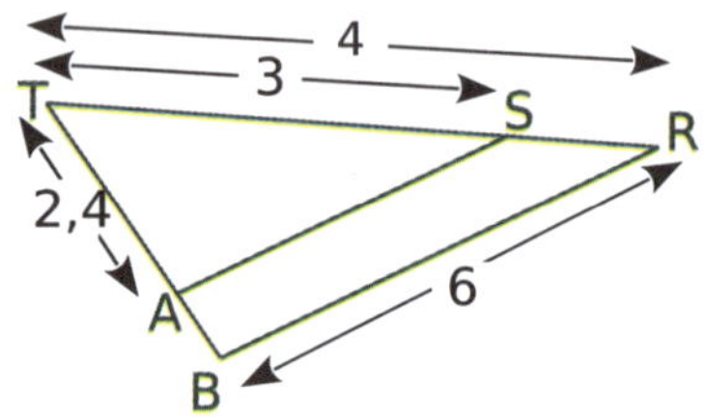

Calcule la longueur des segments [AS] et [TB].

....

....

....

....

En remplaçant par les données numériques, on a :

$$\frac{........}{........} = \frac{........}{........} = \frac{........}{........}.$$

Calcul de TB :

$\frac{........}{........} = \frac{........}{........}$

d'où TB × .... = ...

soit TB = $\frac{........ \times ....}{........}$

Donc TB = ... cm.

Calcul de AS :

$\frac{........}{........} = \frac{........}{........}$

d'où AS × .... = ...

soit AS = $\frac{........ \times ....}{........}$

Donc AS = ... cm.

Fiche 2 : Théorème de Thalès (2)

1 On considère la figure ci-dessous.
Les droites (AB) et (CD) sont parallèles.
SA = 3 cm, AB = 4 cm et CD = 5,5 cm.

a. Place les mesures sur la figure et repasse les droites parallèles en vert.

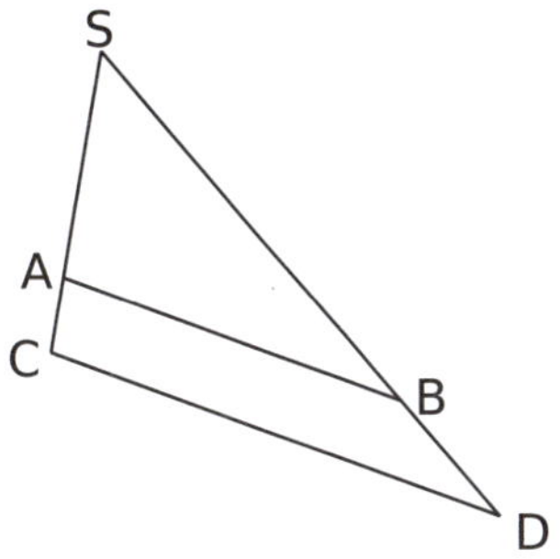

b. Calcule la longueur SC. (Tu arrondiras le résultat au millimètre.)

2 *En construisant d'abord*

a. Construis ci-dessous un triangle RUD tel que RU = 3 cm, RD = 3,6 cm et UD = 4 cm.
Place le point A sur la demi-droite [RU) tel que RA = 5 cm. Trace la parallèle à (UD) passant par A. Elle coupe (RD) en B.

b. Calcule la valeur exacte de AB et de RB, puis la valeur arrondie au millimètre de RB.

3 *En démontrant d'abord*

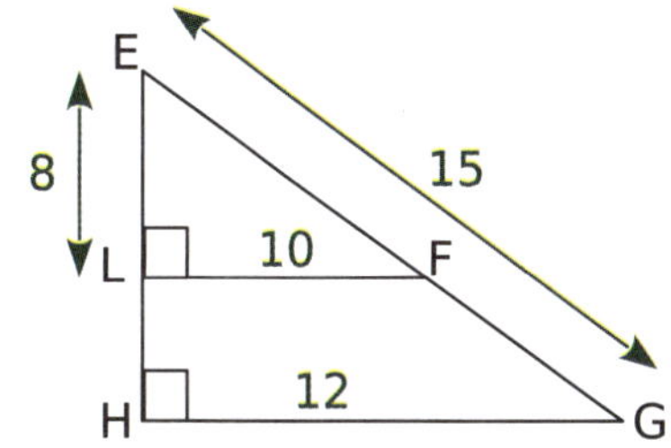

a. Démontre que (LF) et (HG) sont parallèles.

b. Calcule EH, EF et FG.

Fiche 3 : Théorème de Thalès (3)

1 Sur la figure ci-dessous, les droites (UR) et (NP) sont parallèles. On sait que SU = 25 mm, SP = 7 cm et RL = 9 mm.

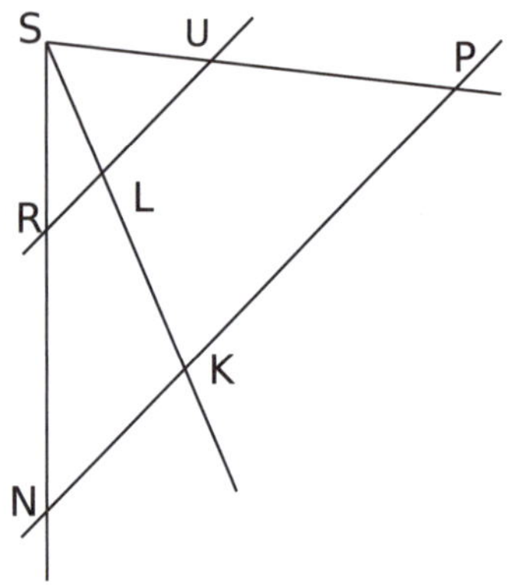

a. Dans quels triangles peux-tu écrire des rapports égaux ? Pourquoi ?

....

....

....

....

....

b. Écris les rapports égaux dans les triangles demandés.

Dans le triangle SPK, ...

....

....

....

Dans le triangle SKN, ...

....

....

....

c. Déduis-en des rapports égaux permettant de calculer NK, puis calcule cette longueur.

....

....

....

....

....

....

....

2 *Éclipse de Soleil*

Tom observe une éclipse de Soleil. Cette situation est schématisée sur le dessin ci-dessous.

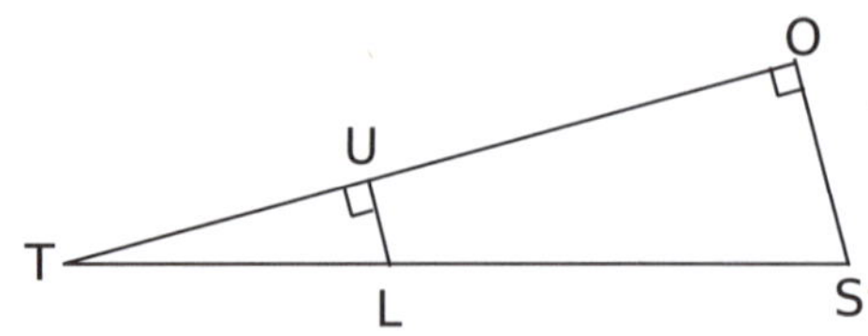

Tom se trouve au point T, le point S représente le centre du Soleil et le point L le centre de la Lune. Les points T, L et S sont alignés.
Le rayon du Soleil SO mesure environ 695 000 km ; le rayon de la Lune LU mesure environ 1 736 km.
La distance TS est égale à 150 millions de km.

Calcule la distance TL. (Tu donneras l'arrondi au kilomètre.)

....

....

....

....

....

....

....

....

....

....

....

....

....

....

....

....

....

....

....

....

....

Fiche 4 : Théorème de Thalès (4)

1 Dans chacun des cas suivants, nomme les triangles qui ont leurs longueurs proportionnelles et écris les proportions égales.
Les droites en vert sont parallèles.

Figure 1

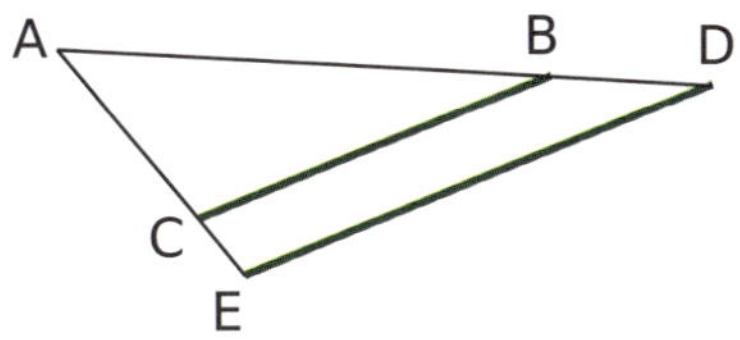

Figure 2

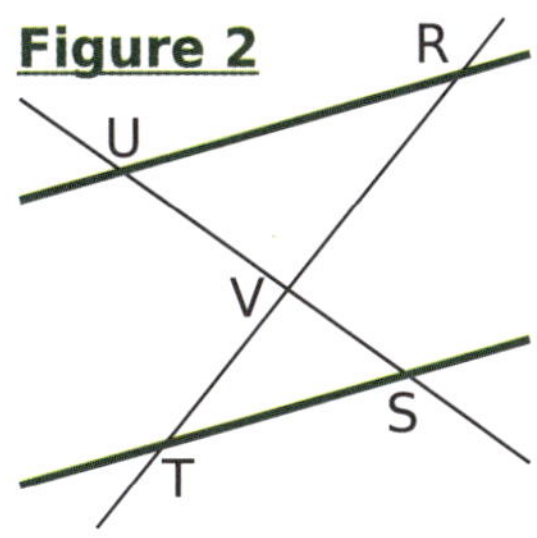

Figure 1 : ....

Figure 2 : ....

2 Dans chaque cas, les droites (d_1) et (d_2) sont parallèles. Écris les rapports de longueurs égaux.

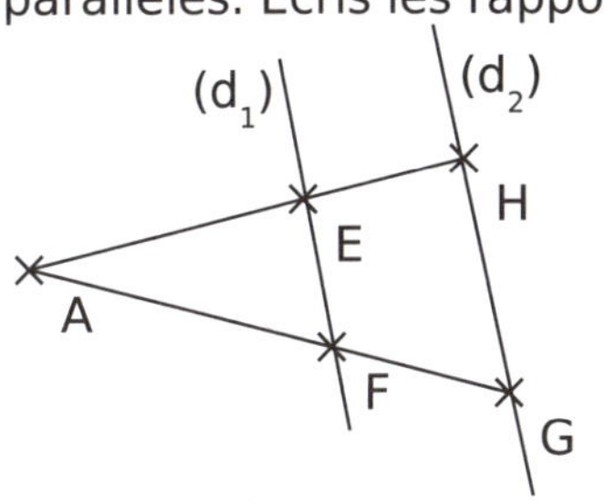

....

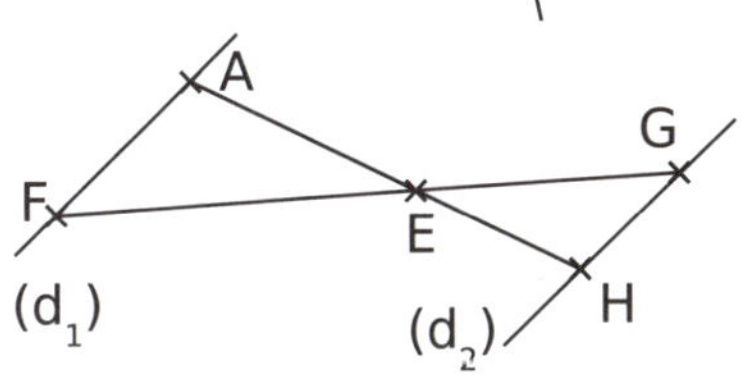

....

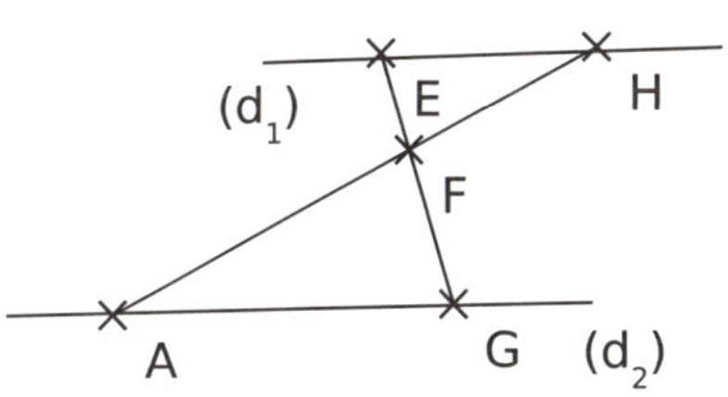

....

3 On sait que $\frac{AM}{7} = \frac{3}{4} = \frac{AN}{9}$.

a. Calcule AM.

....

b. Calcule AN.

....

4 Sur la figure ci-dessous, les points R, S, T d'une part, et les points R, U, V d'autre part, sont alignés.

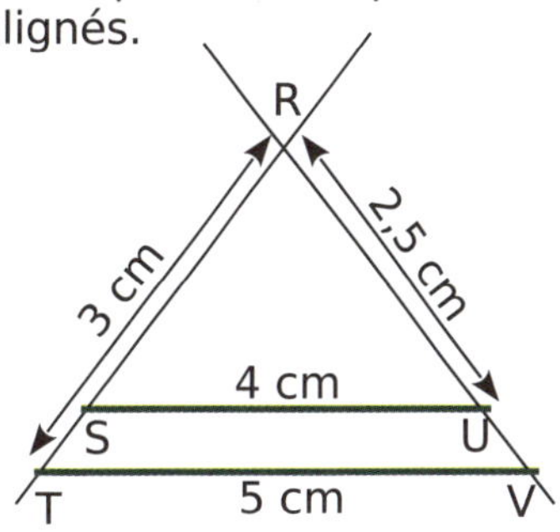

Les droites en vert sont parallèles.

a. Quels sont les rapports de longueurs égaux ?

....

b. Calcule RS.

....

c. Calcule RV.

....

5 Sur la figure ci-dessous, les points M, P, O d'une part, et les points Q, P, N d'autre part, sont alignés. Les droites en vert sont parallèles.

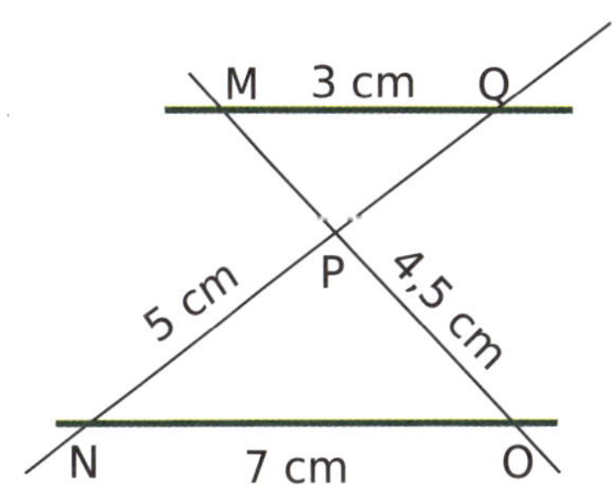

a. Calcule MP (tu arrondiras au dixième).

....

b. Calcule QP (tu arrondiras au dixième).

....

Fiche 5 : Théorème de Thalès (5)

1 Dans tout l'exercice, les points A, P et B sont alignés, ainsi que les points A, R et C.
Pour chaque cas, explique pourquoi tu peux appliquer le théorème de Thalès.
Écris alors les rapports égaux dans ces figures.

a.

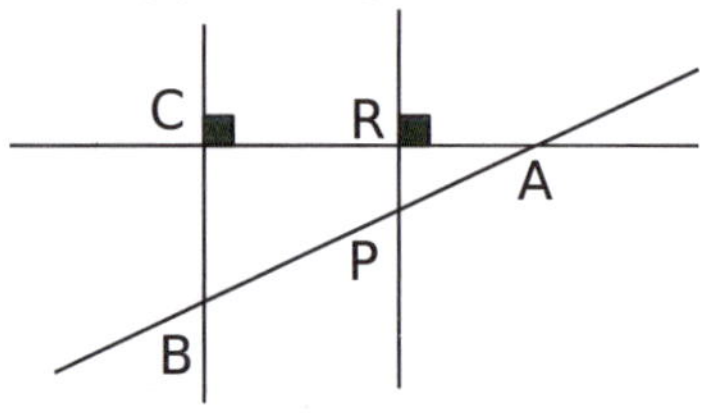

b.

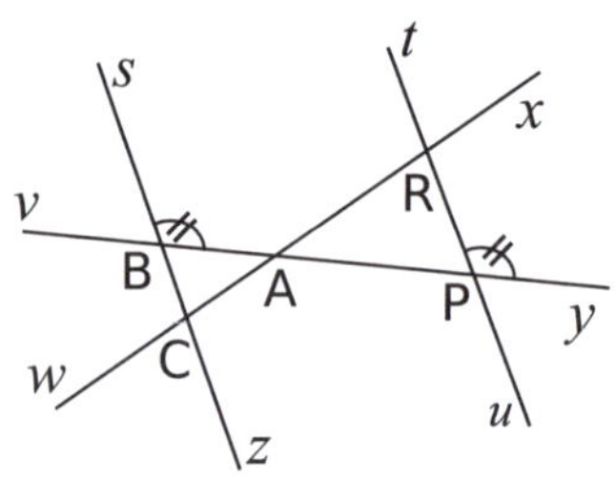

c.

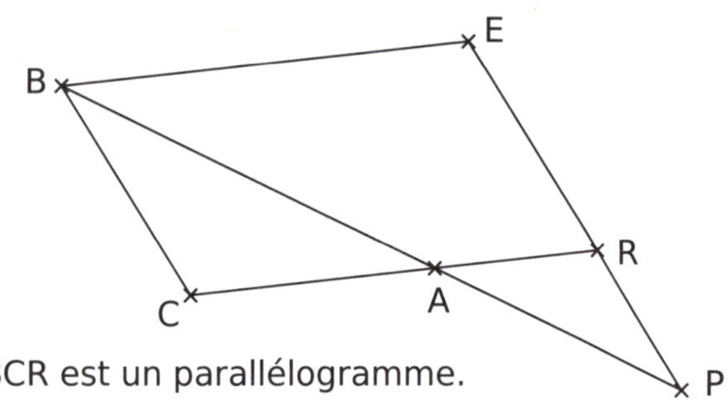

EBCR est un parallélogramme.

2 Les points M, A, C sont alignés et les points N, A, B aussi. Les droites (MN) et (BC) sont parallèles.

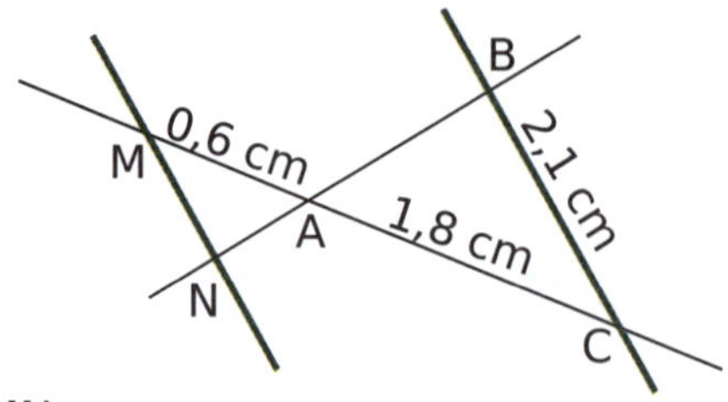

Calcule MN.

3 Soit EFG un triangle tel que EF = 5 cm ; EG = 4 cm et FG = 3,3 cm. On appelle M le point de [EG], tel que EM = 6 cm. Trace la parallèle à (FG) passant par le point M. Elle coupe [EF] en N.

a. Construis et code la figure.

b. Calcule EN et MN.

Calcul de EN :

Calcul de MN :

Fiche 6 : Théorème de Thalès (6)

1 *À toi de jouer*

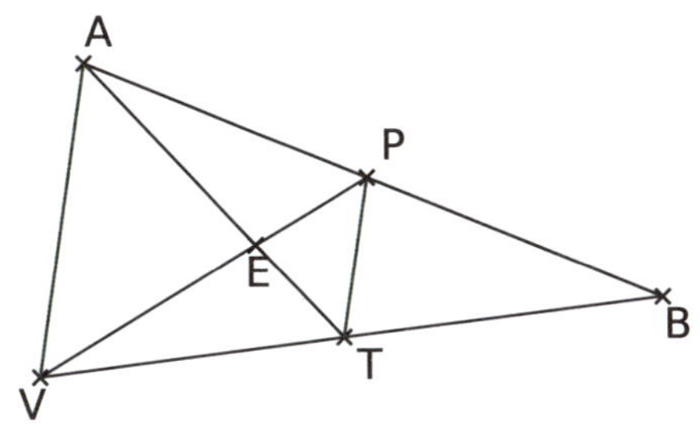

AV = 4 cm
BT = 3,8 cm
PE = 2,1 cm
AE = 2,5 cm
ET = 1,5 cm

Les droites (PV) et (TA) sont sécantes au point E.
Les droites (AP) et (VT) sont sécantes au point B.
(AV) et (TP) sont deux droites parallèles.
Calcule TP et EV, en justifiant ta réponse.

....

....

....

....

....

....

....

....

2 *Dans l'espace*

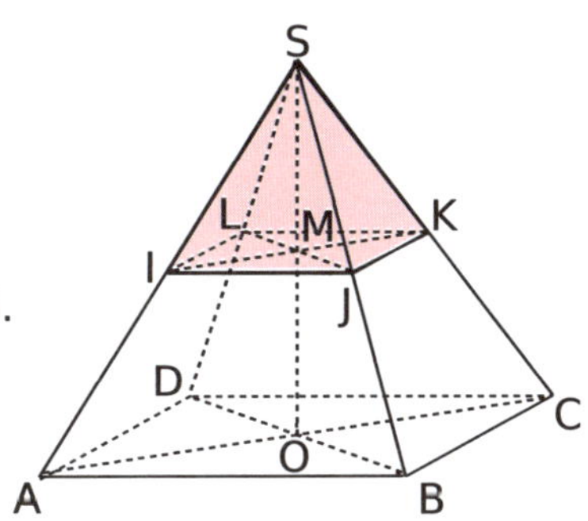

SABCD et SIJKL sont deux pyramides régulières à base carrée et de sommet S. [SM] et [SO] sont les hauteurs respectives de SIJKL et SABCD, M ∈ [SO].

On a SM = 1,5 cm ; SO = 4,5 cm et DB = 5 cm.

a. Que peux-tu dire de (MJ) et (OB) ? Pourquoi ?

....

....

....

b. Calcule la valeur exacte de MJ. Justifie.

....

....

....

....

....

....

3 On sait que les points A, M, B d'une part, et A, N, C d'autre part, sont alignés.

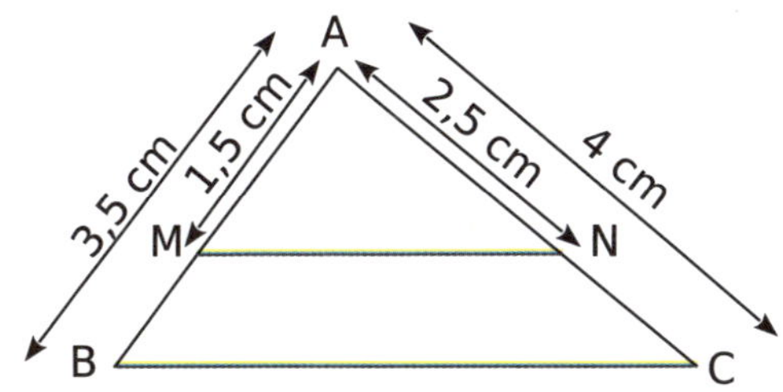

On veut montrer que les droites (MN) et (BC) ne sont pas parallèles.

a. Calcule et compare les proportions :

$\frac{AM}{AB}$ = ... | $\frac{AN}{AC}$ = ...

....

b. Si les droites (MN) et (BC) étaient parallèles, d'après le théorème de Thalès, on aurait :

....

c. Conclus.

....

....

4 Sur le schéma ci-dessous, les points C, S, V d'une part, et les points A, S, G d'autre part, sont alignés.

En t'aidant de l'exercice précédent, montre que les droites (GV) et (CA) ne sont pas parallèles.
On a SV = 0,6 cm ;
SG = 0,9 cm ; SA = 2,1 cm
et SC = 1 cm.

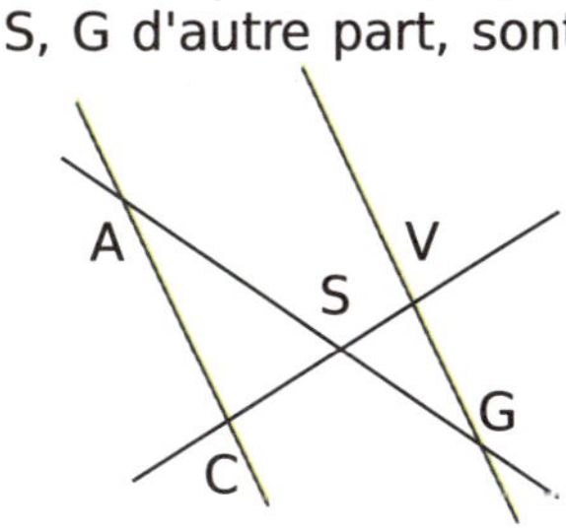

....

....

....

....

....

....

....

....

....

....

....

Fiche 7 : Démontrer que deux droites sont ou ne sont pas parallèles (1)

1 Vérifie que les quotients suivants sont égaux.

$\frac{18}{5}$ et $\frac{72}{20}$ | $\frac{2}{3}$ et $\frac{7}{10,5}$

2 M est un point de la droite (EF), et P un point de la droite (EG), tels que : EM = 2,6 cm ; EP = 2,8 cm ; EF = 3,9 cm et EG = 4,2 cm.

a. Compare $\frac{EM}{EF}$ et $\frac{EP}{EG}$.

b. Cédric en conclut que les droites (PM) et (FG) sont parallèles. Complète la figure ci-dessous et montre que Cédric a conclu trop vite.

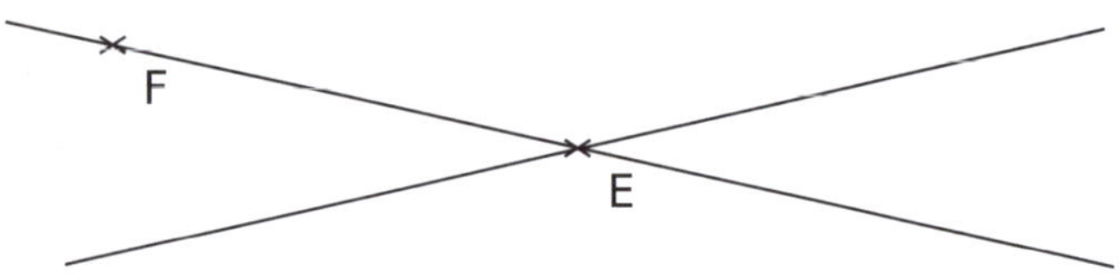

3 Sur la figure ci-contre, RM = 4,5 cm ; RS = 6 cm ; RT = 6 cm et RP = 8 cm. Les points R, T et P sont alignés ainsi que les points R, M et S.

On veut montrer que les droites (MT) et (SP) sont parallèles.

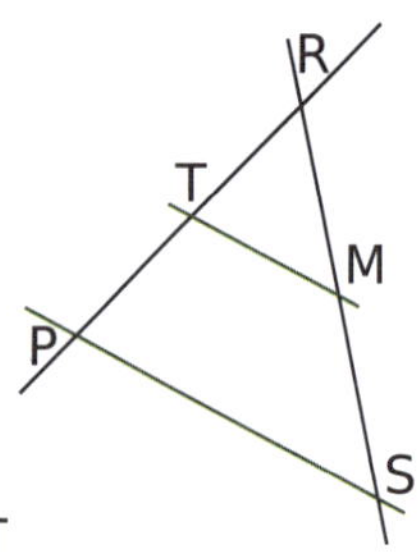

a. Compare les rapports $\frac{RM}{RS}$ et $\frac{RT}{RP}$.

$\frac{RM}{RS}$ = ... | $\frac{RT}{RP}$ = ...

b. Précise la disposition des points.

c. Conclus.

4 Sur la figure ci-contre, BR = 2,5 cm ; BL = 15 cm ; BE = 1,5 cm et BI = 9 cm. Les points I, B et E sont alignés de même que L, B et R. On veut montrer que les droites (IL) et (RE) sont parallèles.

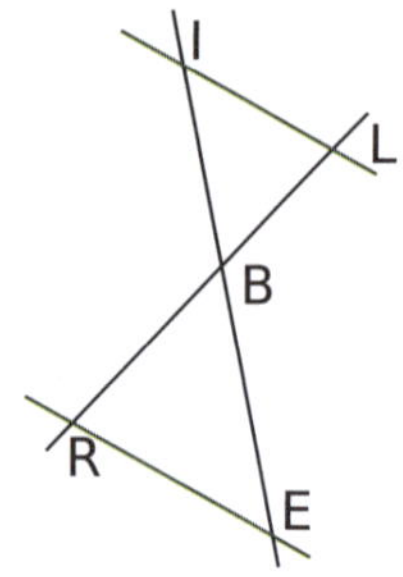

a. Compare les proportions.

b. Précise la position des points.

c. Conclus.

5 Démontre que les droites (HJ) et (KL) sont parallèles. (LG) est une droite graduée. La figure n'est pas faite en vraie grandeur.

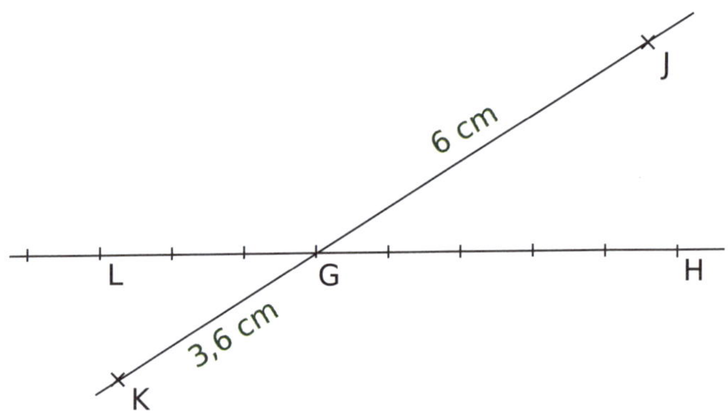

Fiche 8 : démontrer que deux droites sont ou ne sont pas parallèles (2)

1 On considère le triangle RST tel que RS = 6 cm ; ST = 9 cm et RT = 8 cm. Place le point P sur [RS] tel que SP = 4 cm, et le point M sur [ST] tel que TM = 3 cm.

a. Construis la figure.

b. Montre que les droites (MP) et (RT) sont parallèles.

....

....

....

....

....

....

....

....

2 Sur la figure ci-contre, G, P et L d'une part, et G, N et U d'autre part, sont alignés. On donne GP = 2,5 cm ; GU = 9 cm ; GN = 3 cm et GL = 7,5 cm.

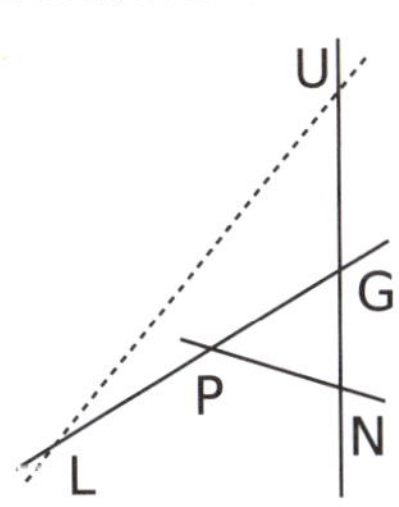

a. Calcule $\frac{GP}{GL}$ et $\frac{GN}{GU}$. Que constates-tu ?

....

....

....

b. Pourquoi ne peux-tu pas utiliser ici la réciproque du théorème de Thalès ?

....

....

....

3 Soit VOU un triangle tel que OV = 2,5 cm ; OU = 3,5 cm et VU = 5 cm.
Place le point T sur [VO] tel que VT = 5,5 cm, et le point E sur [UO] tel que UE = 7,7 cm.

a. Construis la figure.

b. Montre que les droites (UV) et (ET) sont parallèles.

....

....

....

....

....

....

....

....

....

Fiche 9 : Démontrer que deux droites sont ou ne sont pas parallèles (3)

1 Trace un segment [EF] de 10 cm de longueur, puis un demi-cercle de diamètre [EF]. Place le point G sur ce demi-cercle, tel que EG = 9 cm.

a. Démontre que le triangle EFG est rectangle.

b. Place le point M sur le segment [EG] tel que EM = 5,4 cm, et le point P sur le segment [EF] tel que EP = 6 cm. Démontre que les droites (FG) et (MP) sont parallèles.

2 On donne la figure ci-contre.

Les graduations sont régulières.

Montre que (XU) et (ZT) sont parallèles.

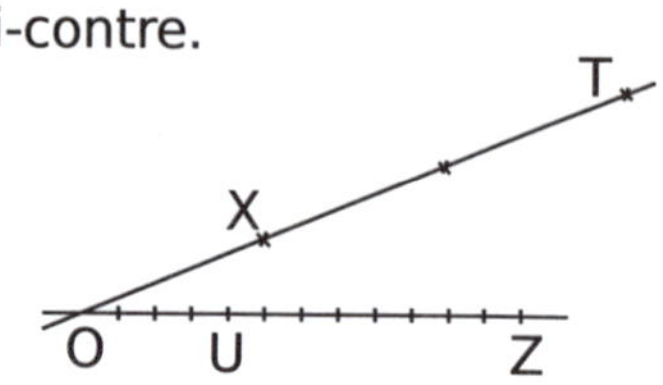

3 LINU est un rectangle.
Le point S appartient à [LI] et le point T à [IN].

L'unité est le décimètre.

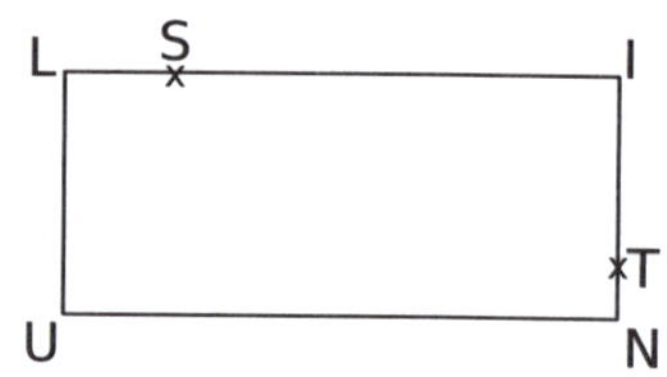

LI = 24 ; LU = 18; LS = 4 et TN = $\frac{LU}{6}$.

a. Démontre que LN = 30 dm.

b. Détermine les longueurs IS et IT.

c. Démontre que (ST) et (LN) sont parallèles.

FICHE 10 : AGRANDISSEMENTS, RÉDUCTIONS

1 *Proportionnalité et réduction*

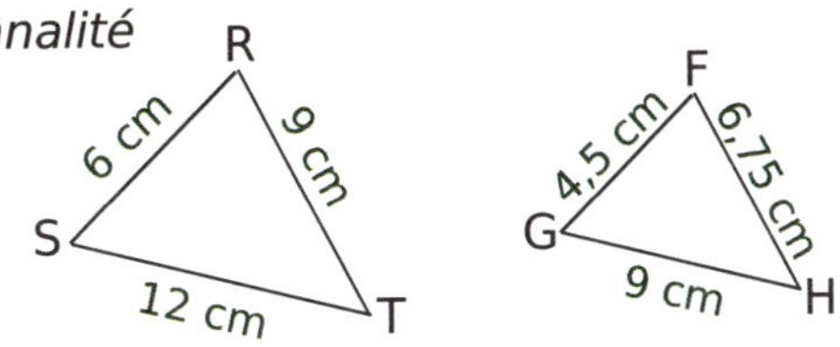

a. Complète le tableau à l'aide des dessins.

Triangle RST	RS	..... cm	RT	..... cm	TS	..... cm
Triangle FGH	FG	..... cm	FH	..... cm	GH	..... cm

b. Montre que c'est un tableau de proportionnalité.

....

....

....

....

c. Déduis-en que le triangle FGH est une réduction du triangle RST. Précise le rapport de réduction.

....

....

....

2 Dans chaque cas, le dessin 2 est-il un agrandissement du dessin 1 ?
Si non, explique pourquoi.
Si oui, précise le rapport d'agrandissement.

a.

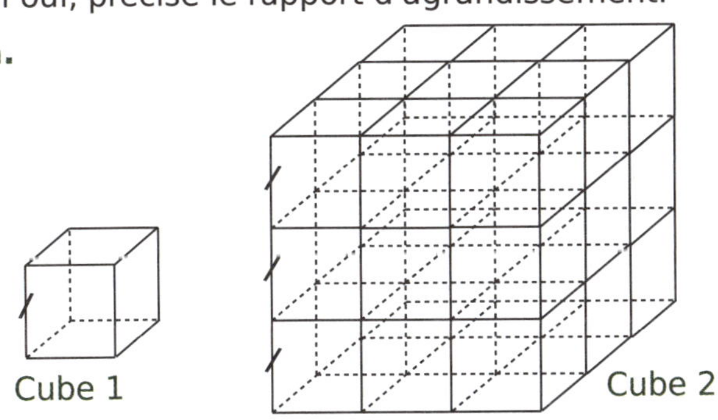

Cube 1 Cube 2

....

....

b.

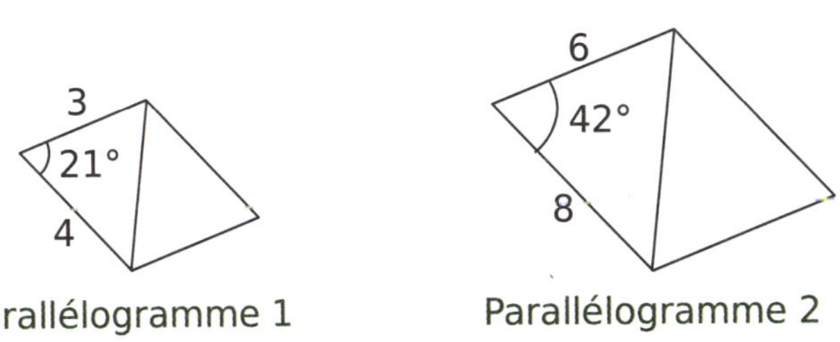

Parallélogramme 1 Parallélogramme 2

....

....

3 Construis un agrandissement de cette figure de rapport $\frac{3}{2}$. L'unité est le centimètre.

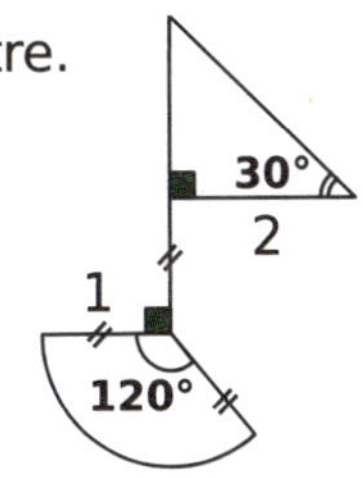

4 MATH est un trapèze de bases [TH] et [AM].
Construis-en une réduction de rapport $\frac{1}{10}$.

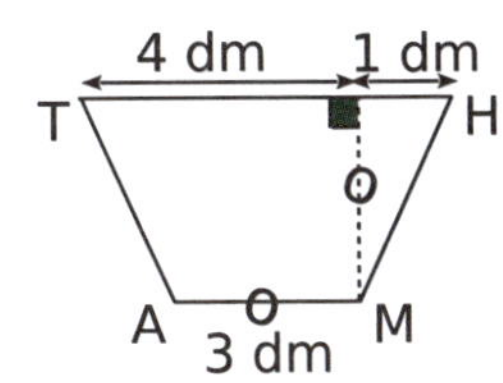

5 *À la règle et à l'équerre*

a. Construis, sans mesurer, le triangle RST, réduction du triangle MNP, où S ∈ [OM] et T ∈ [ON).

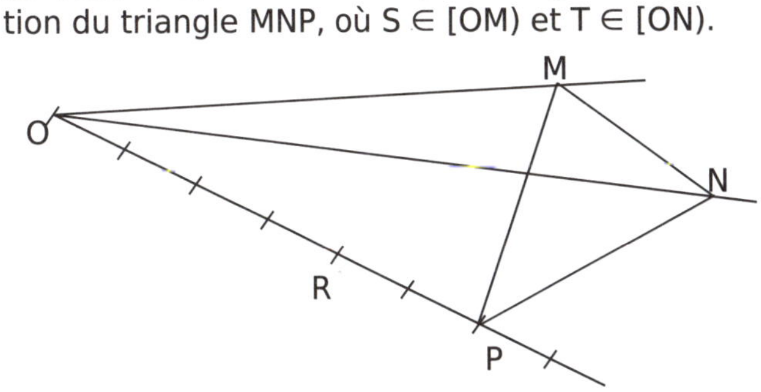

b. Précise l'échelle de réduction : ....

Fiche 11 : Synthèse (1)

1 *Successivement*

a. Construis un triangle CHS tel que CH = 2,4 cm ; HS = 4,5 cm et SC = 3 cm.
Place le point A sur [CH] tel que CA = 3,2 cm, et le point T sur [CS] tel que CT = 4 cm.

b. Montre que (HS) et (AT) sont parallèles.

c. Calcule AT.

2 L'unité est le centimètre.

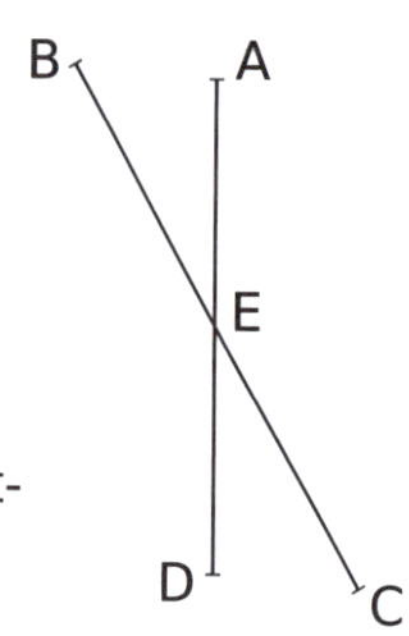

On sait que EA = 7 ; EB = 13 ; EC = 10 et ED = 9,1.

Les droites (AD) et (BC) sont sécantes au point E.

a. Les droites (AB) et (CD) sont-elles parallèles ?

b. Les droites (AC) et (BD) sont-elles parallèles ?

c. Quelle est la nature du quadrilatère ABDC ?

3 Sur la figure ci-contre, les droites (NS) et (RO) sont parallèles ; le point I appartient à [RO]. (RN) et (IS) sont sécantes en E.

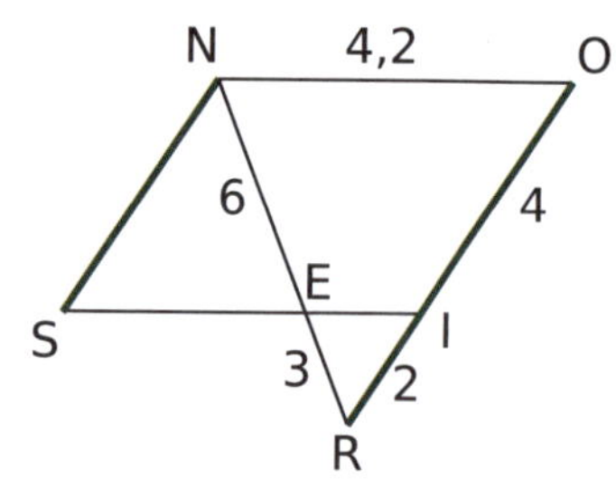

a. Montre que les droites (IE) et (NO) sont parallèles.

b. Calcule SE.

Fiche 12 : Synthèse (2)

1 Sur la figure suivante,
- les droites (MB) et (NS) sont parallèles ;
- PM = 12 cm ; MB = 6,4 cm ; PB = 13,6 cm ; PN = 9 cm ; PE = 3,4 cm et PC = 3 cm ;
- les points S, I, P, E et B sont alignés ;
- les points N, P, C et M sont alignés ;
- I est le milieu de [SP].

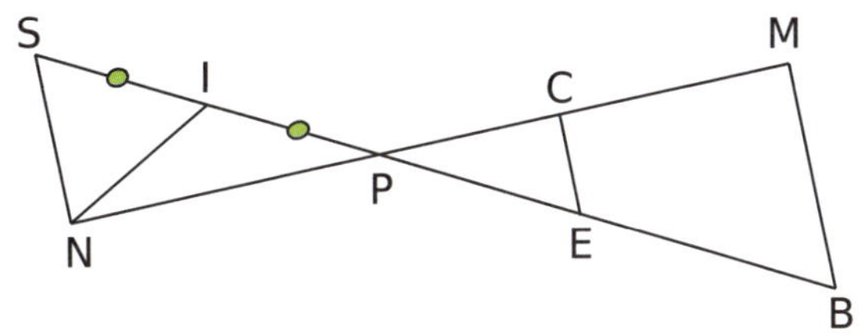

a. Calcule NS.

b. Les droites (CE) et (MB) sont-elles parallèles ?

c. Démontre que le triangle PBM est rectangle.

d. Quel autre triangle est rectangle ? Justifie.

2 $\mathscr{C}_1$ et $\mathscr{C}_2$ ont pour diamètres respectifs [RU] et [UE].

RU = 2 cm ;
UE = 3 cm et
UG = 2,4 cm.
O ∈ $\mathscr{C}_1$ et G ∈ $\mathscr{C}_2$,
U ∈ (GO).

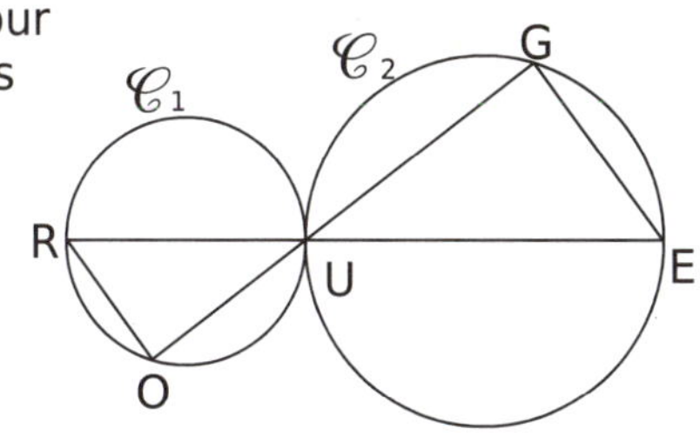

a. Quelle est la nature des triangles ROU et UGE ? Justifie tes réponses.

b. ROU est une réduction de UGE. Quel est le coefficient de réduction ?

c. Calcule GE.

d. En utilisant les questions précédentes, donne les valeurs exactes de UO et de RO.

FICHE 13 : SYNTHÈSE (3)

1 Les droites (RS) et (IT) sont parallèles.
RS = 2,8 cm ; IT = 4,4 cm ;
EF = 2,1 cm ; EA = 3,3 cm.
La figure n'est pas en vraie grandeur.

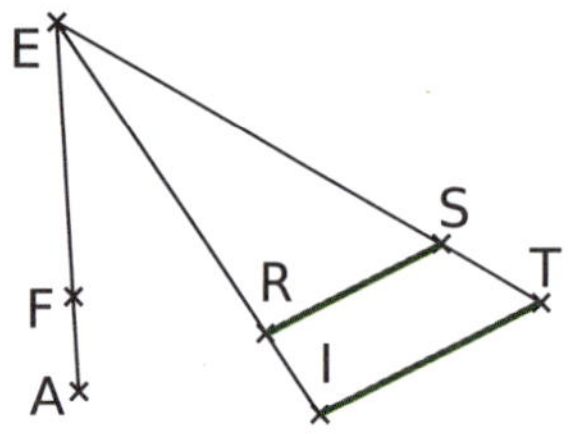

a. Calcule le rapport $\frac{ER}{EI}$.

b. Montre que (FR) et (AI) sont parallèles.

2 Calcule AE et RS, sachant que GN = 5 cm ;
OS = 3,2 cm ;
RE = 5 cm ;
$\widehat{REA} = 36°$
$\widehat{RSO} = 36°$.

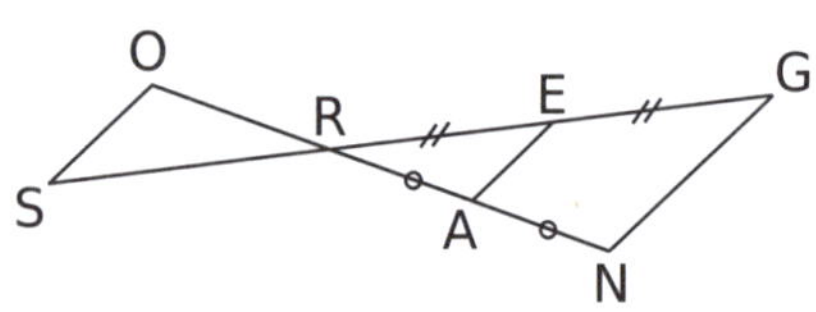

3 *Des points définis par un rapport*

a. Les droites (d) et (d') sont parallèles.
Sur la droite (d), place deux points M_1 et M_2 de part et d'autre de A, tels que $AM_1 = AM_2 = 2$ cm.
Sur la droite (d'), place un point N tel que BN = 3 cm.

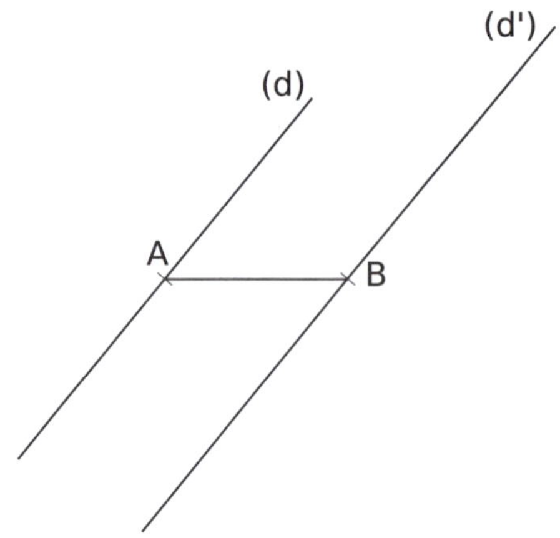

b. Nomme M le point d'intersection des droites (AB) et (M_1N). Donne la valeur exacte de $\frac{MA}{MB}$.

c. Nomme M' le point d'intersection des droites (AB) et (M_2N). Donne la valeur exacte de $\frac{M'A}{M'B}$.

d. En utilisant la même méthode, construis tous les points M de la droite (AB) tels que $\frac{MA}{MB} = \frac{3}{4}$.

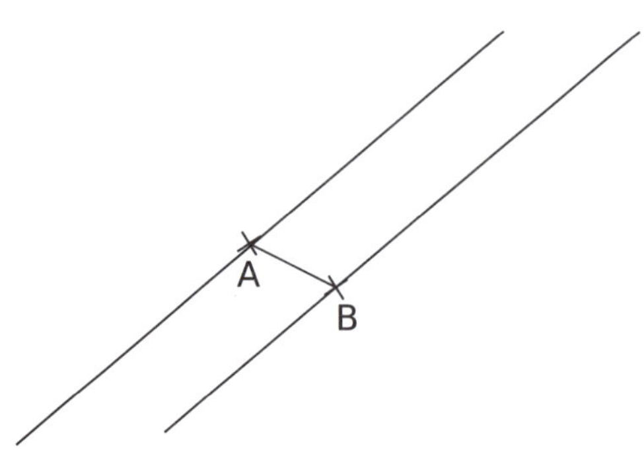

Homothétie

G2

Fiche 1 : Définition de l'homothétie (1)

1 Complète en cochant la bonne case.

Homothétie de rapport	0,5	- 7	2,8	- 0,8	$\frac{3}{4}$	$-\frac{4}{3}$
Réduction						
Agrandissement						

2 Par quelle homothétie passe-t-on...

a. de la figure $\mathcal{F}_1$ à la figure $\mathcal{F}_2$?

....

....

b. de la figure $\mathcal{F}_2$ à la figure $\mathcal{F}_1$?

....

....

3 Par quelle homothétie passe-t-on...

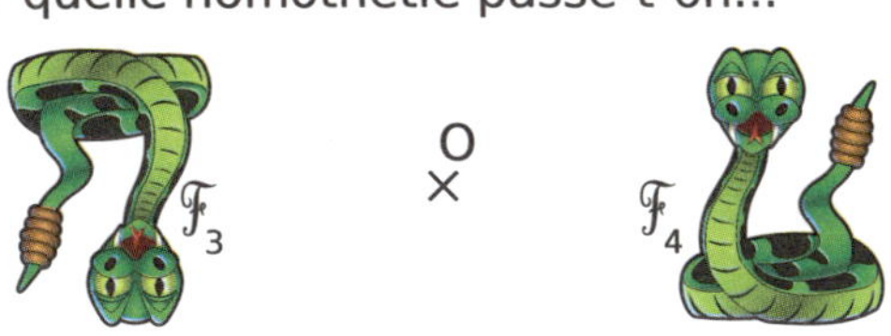

a. de la figure $\mathcal{F}_3$ à la figure $\mathcal{F}_4$?

....

....

b. de la figure $\mathcal{F}_4$ à la figure $\mathcal{F}_3$?

....

....

4 On considère les figures suivantes.

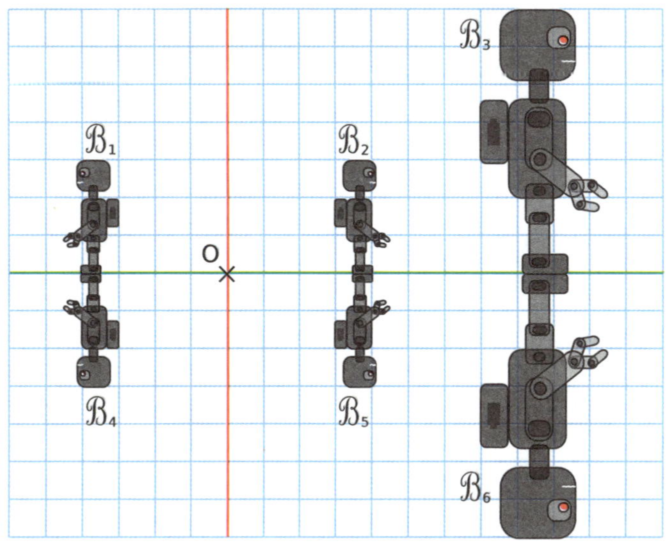

Précise la transformation qui transforme...

a. la figure $\mathcal{B}_1$ en la figure $\mathcal{B}_4$? ....

....

b. la figure $\mathcal{B}_1$ en la figure $\mathcal{B}_2$? ....

....

c. la figure $\mathcal{B}_1$ en la figure $\mathcal{B}_5$? ....

....

d. la figure $\mathcal{B}_2$ en la figure $\mathcal{B}_3$? ....

....

e. la figure $\mathcal{B}_6$ en la figure $\mathcal{B}_5$?

....

....

f. la figure $\mathcal{B}_6$ en la figure $\mathcal{B}_1$?

....

....

Fiche 2 : Définition de l'homothétie (2)

1 Dans chaque cas ci-dessous, la figure de droite est l'image de la figure de gauche par une homothétie.

a.

b.

c.

d.

• Dans chaque cas, indique le signe du rapport de l'homothétie.

	a.	b.	c.	d.
Signe				

• Dans chaque cas, indique le rapport de l'homothétie.

	a.	b.	c.	d.
Rapport				

2 On considère les figures suivantes.

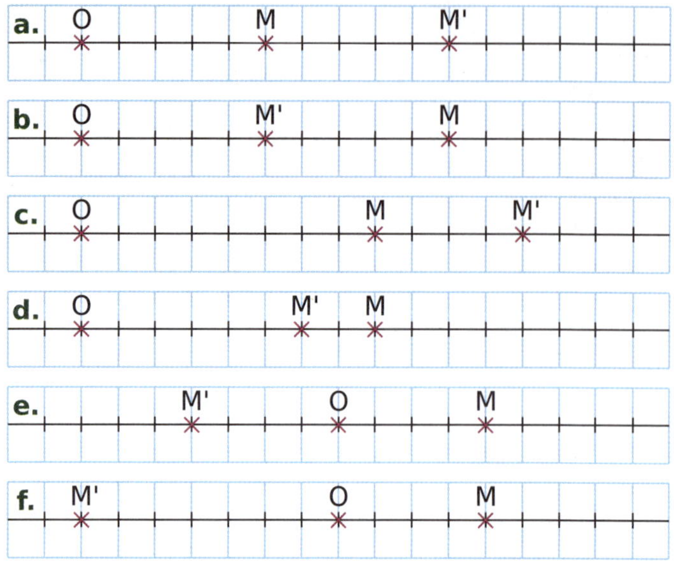

• Dans chaque cas, précise le rapport de l'homothétie de centre O qui transforme M en M'.

	a.	b.	c.	d.	e.	f.
Rapport						

• Pour chaque homothétie, précise s'il s'agit d'un agrandissement ou d'une réduction.

	a.	b.	c.	d.	e.	f.
Réduction						
Agrandissement						

3 *Message codé*

On considère l'homothétie de centre A' et de rapport 2 et celle de centre A' et de rapport 3.

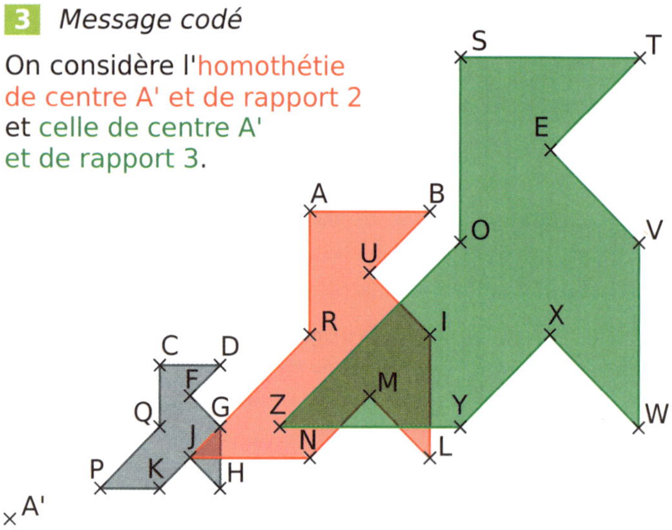

Pour décoder le message ci-dessous, remplace chaque point par son image, par l'homothétie correspondant à la couleur de la lettre.

P C J C G C   H F   C Q H F G H   K F   G Q G D

....

H ' Q J D Q F

....

FICHE 3 : CONSTRUCTIONS (1)

1 On considère le pavage suivant.

a. Colorie en bleu l'image de la figure grise par l'homothétie de centre O et de rapport 2 ;

b. Colorie en rouge l'image de la figure grise par l'homothétie de centre O et de rapport 4 ;

c. Colorie en vert l'image de la figure grise par l'homothétie de centre O et de rapport 8.

2 On reprend le pavage précédent.

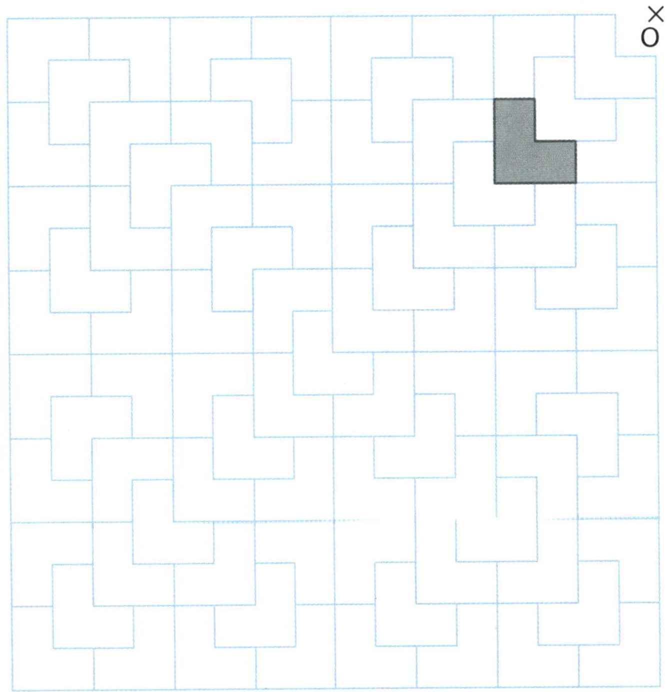

a. Colorie en bleu l'image de la figure grise par l'homothétie de centre O et de rapport 2 ;

b. Colorie en rouge l'image de la figure grise par l'homothétie de centre O et de rapport 4.

3 On considère ce quadrillage.

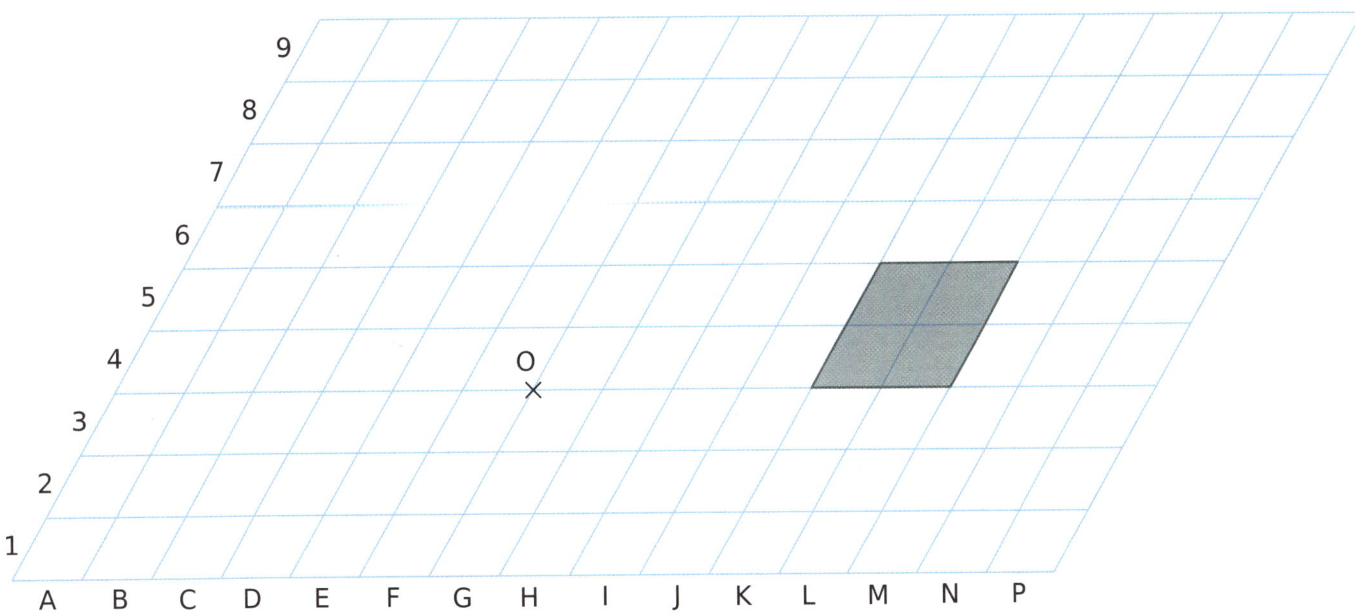

a. Colorie en bleu l'image du parallélogramme gris par l'homothétie de centre O de rapport $\frac{1}{2}$.

b. Colorie en rouge l'image du parallélogramme gris par l'homothétie de centre O de rapport $\frac{3}{2}$.

c. Colorie en vert l'image du parallélogramme gris par l'homothétie de centre O de rapport -1.

d. Colorie en orange l'image du parallélogramme gris par l'homothétie de centre O de rapport $-\frac{1}{2}$.

Fiche 4 : Constructions (2)

1 Construis le centre de l'homothétie qui transforme la figure de gauche en la figure de droite.

a.

b.

c.

d.

2 Dans chaque cas, construis le point M', image de M par l'homothétie de centre O et de rapport k.

a. $k = \frac{5}{7}$

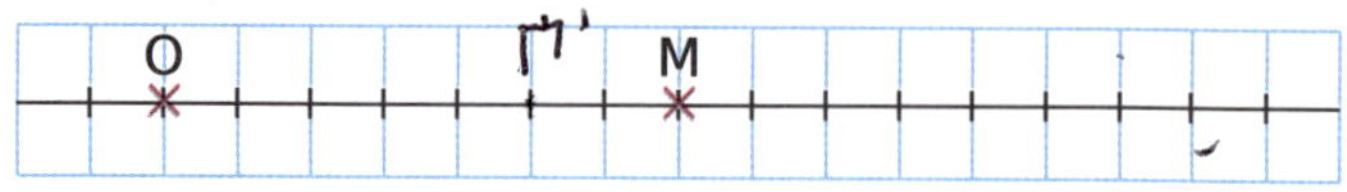

b. $k = \frac{10}{7}$

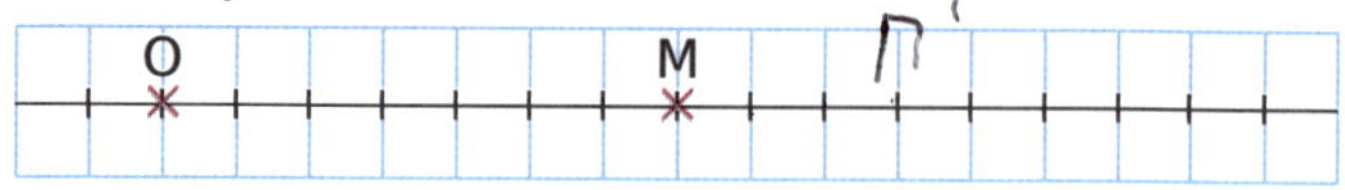

c. $k = 2$

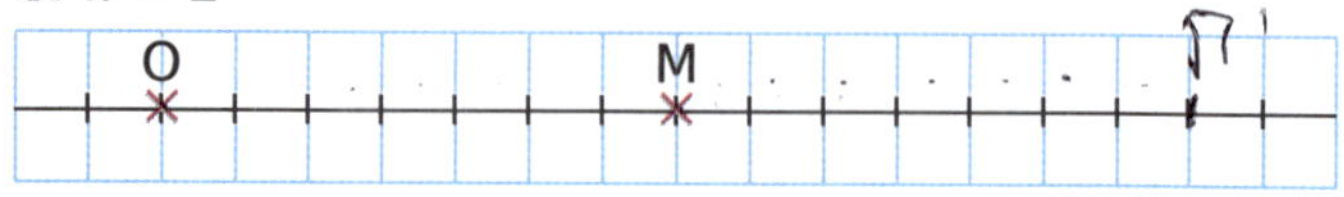

d. $k = -1$

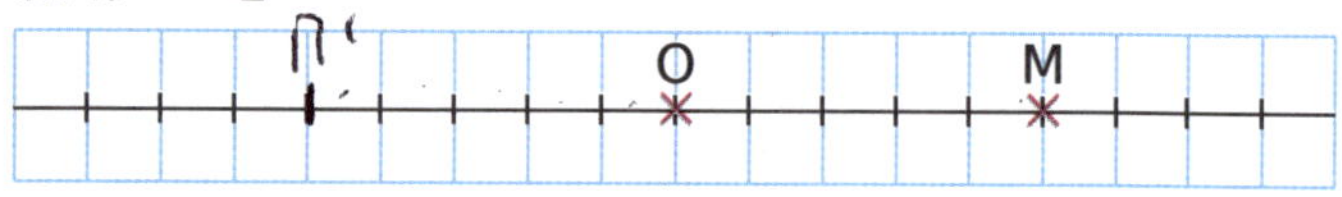

e. $k = -\frac{3}{5}$

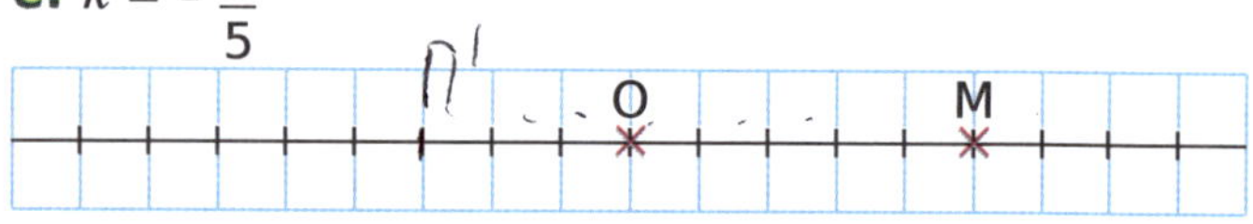

f. $k = -\frac{7}{5}$

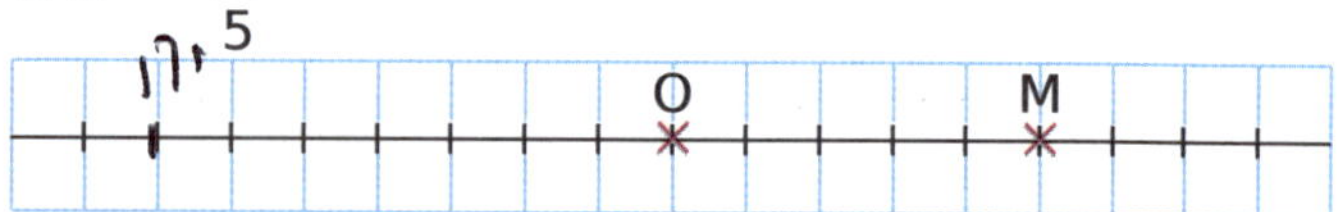

3 *Images d'un triangle*

a. Construis en bleu l'image du triangle gris par l'homothétie de centre O et de rapport 2 ;

b. Construis en rouge l'image du triangle gris par l'homothétie de centre O et de rapport $\frac{1}{2}$.

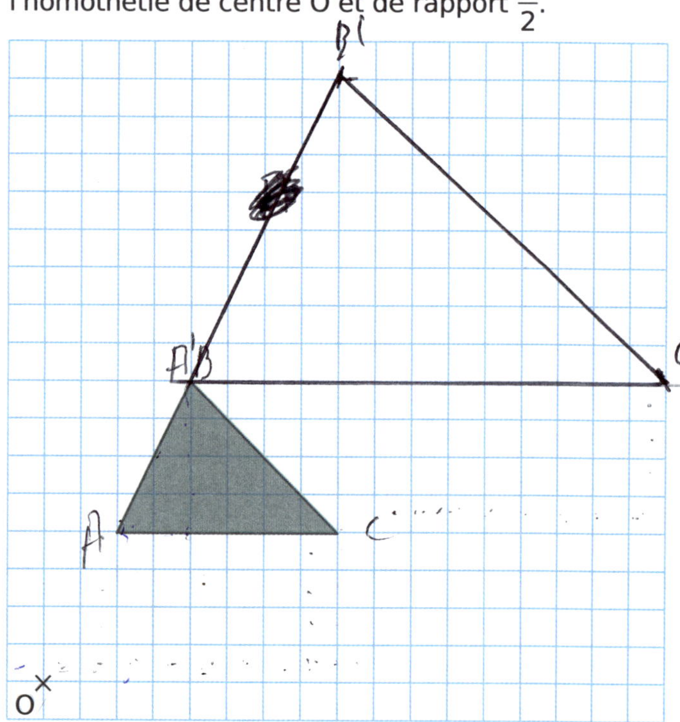

FICHE 5 : CONSTRUCTIONS (3)

1 Construis l'image du cercle par l'homothétie de centre O et de rapport...

a. $\frac{1}{9}$ **b.** $\frac{2}{9}$ **c.** $\frac{3}{9}$ **d.** $\frac{4}{9}$ **e.** $\frac{5}{9}$ **f.** $\frac{6}{9}$ **g.** $\frac{7}{9}$ **h.** $\frac{8}{9}$

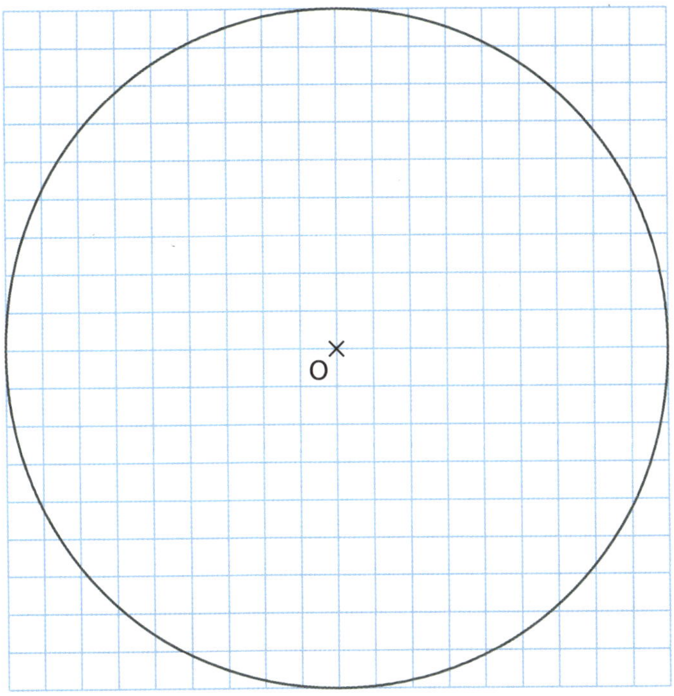

2 Construis l'image du cercle de centre A par l'homothétie de centre O et de rapport...

a. $-\frac{1}{4}$ **b.** $-\frac{1}{2}$ **c.** $-\frac{3}{4}$

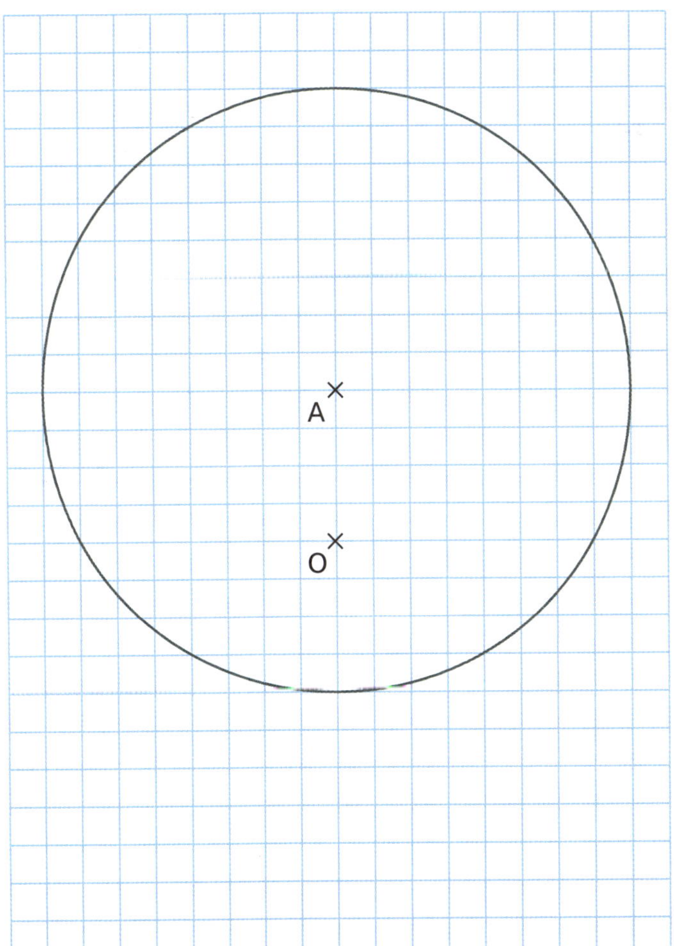

3 Soit k un nombre entier variant de 2 à 8.
Pour tout k, construis l'image du triangle gris par l'homothétie de centre O et de rapport k. Colorie.

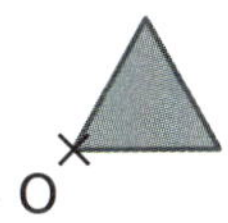

4 Construis les images de la figure bleue...
- par l'homothétie de centre O et de rapport – 1,
- par l'homothétie de centre O' et de rapport – 1,5.

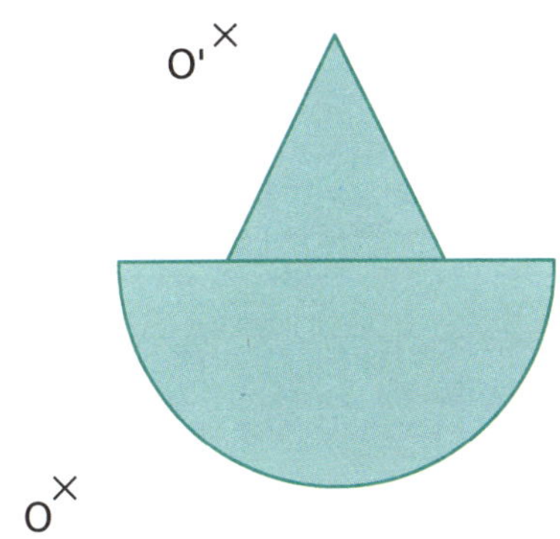

FICHE 6 : PROPRIÉTÉS (1)

1 L'homothétie de centre O et de rapport 2 transforme A en F, et B en G.

a. Trace une figure pour illustrer cet énoncé.

b. Que dire des droites (AB) et (FG) ? Justifie.

....

2 L'homothétie de centre O et de rapport − 2 transforme C en K, et D en L.

a. Trace une figure pour illustrer cet énoncé.

b. Que dire des droites (CD) et (KL) ? Justifie.

....

3 Le quadrilatère BELO est l'image du quadrilatère RAMI, par une homothétie de rapport $\frac{2}{3}$.

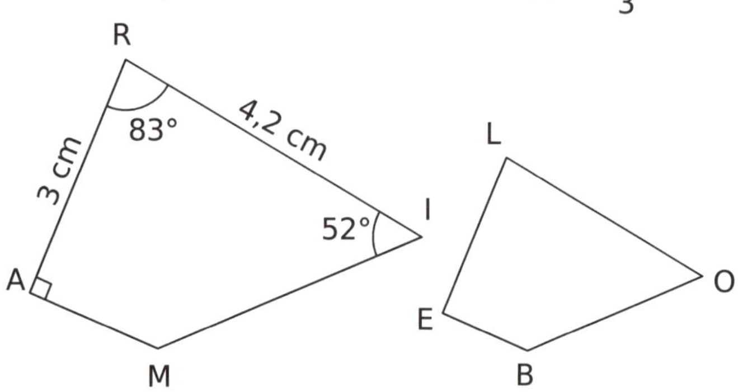

a. Complète le tableau suivant.

Point	R	A	M	I
Image	L	E	B	O

Tu justifieras ensuite chaque réponse.

b. Quelle est la longueur du segment [LE] ?

3K × $\frac{2}{3}$ = 2

c. Quelle autre longueur peux-tu déterminer ?

$\frac{2}{3} \times 4{,}2$

d. Quelle est la mesure de l'angle $\widehat{BEL}$?

90°

e. Écris deux autres égalités de mesure d'angles.

$\hat{R}$ = L = 83° Î = O = 52°

4 Construis le quadrilatère A'B'C'D', image du quadrilatère ABCD par l'homothétie de rapport 3, sans utiliser le centre de cette homothétie.

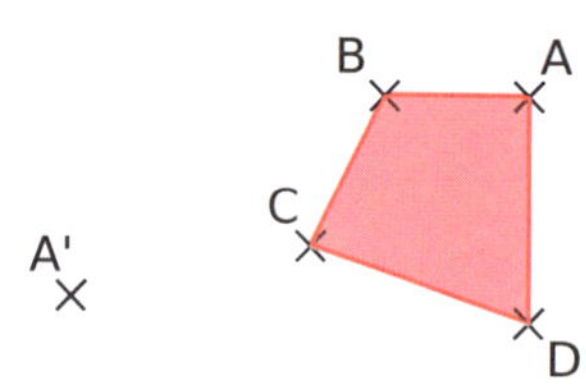

FICHE 7 : PROPRIÉTÉS (2)

1 Construis le quadrilatère A'B'C'D', image du quadrilatère ABCD par l'homothétie de rapport – 3, sans utiliser le centre de cette homothétie.

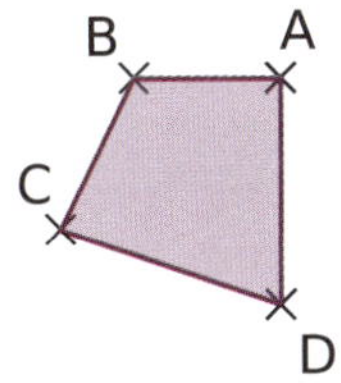

A'

2 Complète les phrases suivantes.

a. On passe du petit poussin au grand poussin par une homothétie de rapport ....

b. Dans cette homothétie, les longueurs du poussin image sont multipliées par ....

c. Dans cette homothétie, l'aire du poussin image est multipliée par ....

3 On reprend la figure précédente.

a. On passe du grand poussin au petit poussin par une homothétie de rapport ....

b. Dans cette homothétie, les longueurs du poussin image sont multipliées par ....

c. Dans cette homothétie, l'aire du poussin image est multipliée par ....

4 On considère une homothétie de rapport k. Complète le tableau ci-dessous, qui concerne l'image d'une figure par cette homothétie.

k	-3	-1	$-\frac{5}{6}$	2	$\frac{10}{3}$	5
Périmètre multiplié par						
Aire multipliée par						

5 Voici les images des points d'une figure, par une homothétie de rapport 5.

Point	P	R	O	C	H	E
Image	S	A	L	I	N	E

Tu justifieras chaque réponse.

a. Quel est le centre de cette homothétie ?

Le centre est E

b. Sachant que EC = 3 cm, que vaut EI ?

EIK = 15

c. Sachant que PR = 5,4 cm, que vaut SA ?

SA = 2,7

d. On sait que $\widehat{RCH} = 50°$.
Déduis-en la mesure d'un autre angle.

~~80°~~ AIN = 50°

e. Le triangle ROH a pour aire 1,6 cm².
Déduis-en l'aire d'un autre triangle.

AIN = 1,6 × 5² = ~~35,155~~ 40

6 Dans chaque cas ci-dessous, détermine k.

a. Une figure a une aire de 20 cm². Son image par une homothétie de rapport k a une aire de 7,2 cm².

b. Une figure a une aire de 8 cm². Son image par une homothétie de rapport k a une aire de 50 cm².

FICHE 8 : TRIANGLES SEMBLABLES

1 Dans chaque cas ci-dessous, indique si les deux triangles sont semblables. Justifie.

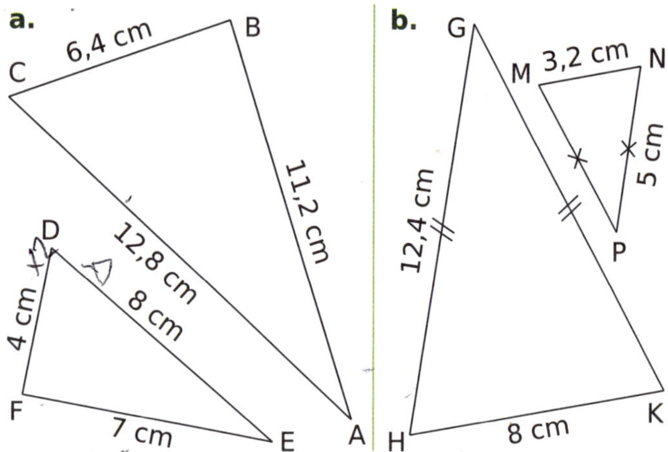

a. $\frac{6,4}{4} = 1,6$ $\frac{11,2}{7} = 1,6$ $\frac{12,8}{8} = 1,6$

Oui ils sont semblable la coeff de rap est 1,6

b. $\frac{8}{3,2} =$ $\frac{12,4}{5}$

Non ils ne sont pas semblables

2 Dans chaque cas ci-dessous, indique si les deux triangles sont semblables. Justifie.

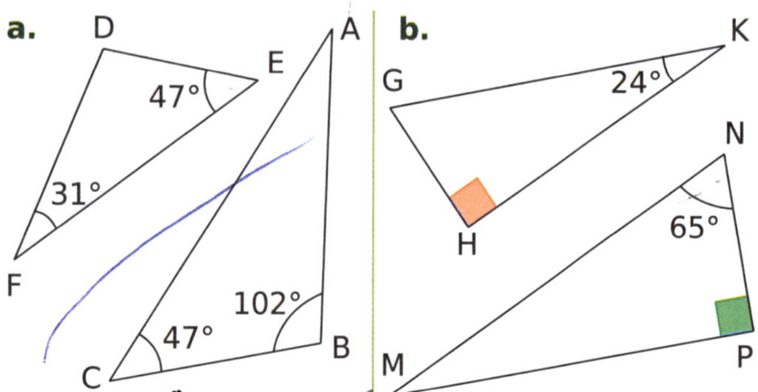

a. Oui ils sont semblables

~~E = 47° et C = 47°~~

$\hat{E} = \hat{C} = 47°$

$\hat{F} = \hat{A} = 31°$ (180 − (102 + 47))

b. Oui car ~~ils sont~~ rectangle.

Non car ils n'ont qu'un seul angles en commun

3 Les triangles ABC et ADE sont-ils semblables, sachant que :
AB = 3,2 cm ; AC = 4,4 cm ; BC = 6,8 cm ;
AD = 4 cm ; AE = 5,5 cm ; DE = 8,5 cm ?

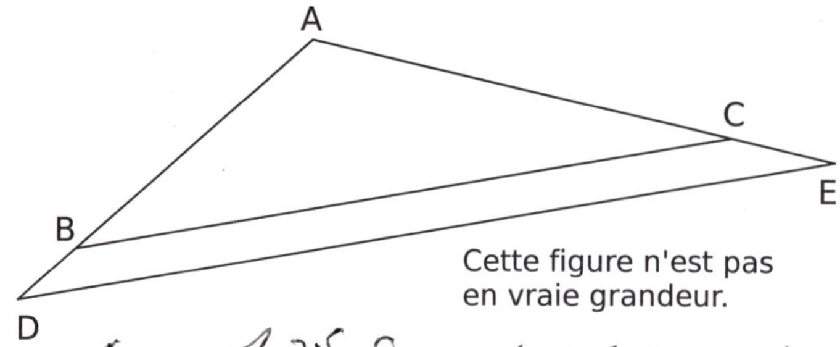

Cette figure n'est pas en vraie grandeur.

$\frac{4}{3,2} = 1,25$ $\frac{5,5}{4,4} = 1,25$ $\frac{8,5}{6,8} = 1,25$

Oui ils sont semblables

4 Démontre que les triangles FGH et FKL sont semblables.

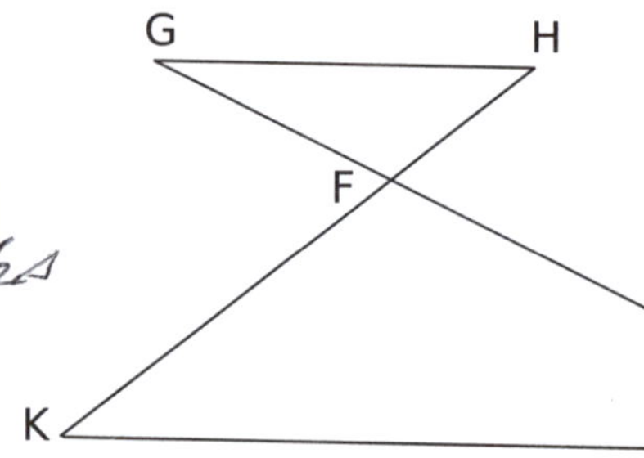

Les droites (GL) et (KH) sont sécantes en F.

Les droites (GH) et (KL) sont parallèles.

5 Démontre que les triangles MNH et MNP sont semblables.

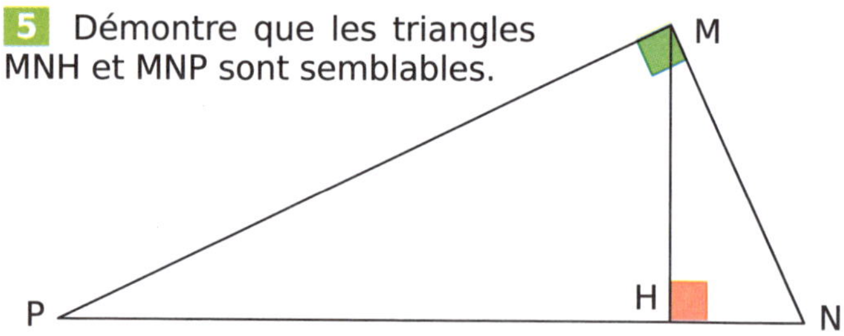

Oui car ils ont 2 angles en commun un angle droit commun et N qui ~~sont~~ est dans les 2 triangles.

FICHE 9 : ACTIVITÉS NUMÉRIQUES

Géométrie dynamique

1 Construis :
- un segment [AB] ;
- un point C ;
- la parallèle à la droite (AB) passant par le point C ;
- un point D tel que ABCD soit un trapèze de bases [AB] et [CD] ;
- un curseur appelé "k" variant entre – 10 et 10, et par pas de 0,01.

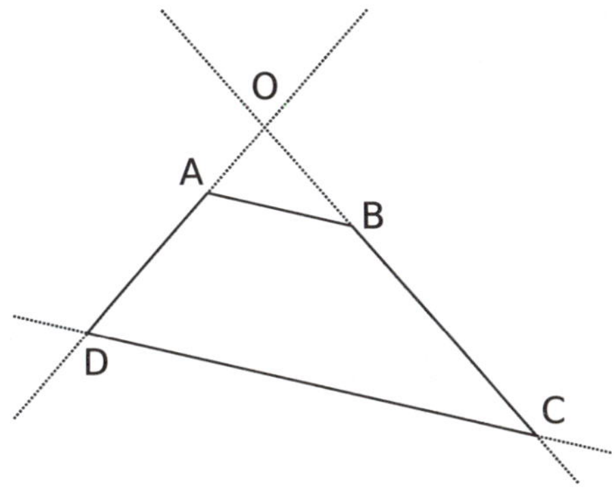

a. Construis O le point d'intersection des droites (AD) et (BC). Puis construis, en rouge, l'image du segment [AB] par l'homothétie de centre O et de rapport k.
- Pour quelle valeur de k le segment [DC] semble-t-il l'image du segment [AB] par cette homothétie ?
- Peut-on obtenir directement cette valeur, à l'aide du trapèze initial et à l'aide d'un calcul ?
- Vérifie ta conjecture en t'aidant du logiciel.

b. Reprends la question **a**, en remplaçant le point O par le point I, point d'intersection des diagonales [AC] et [BD].

2 Affiche la grille, puis construis la figure ci-contre en utilisant l'outil *Polygone*. Fixe les différents points.

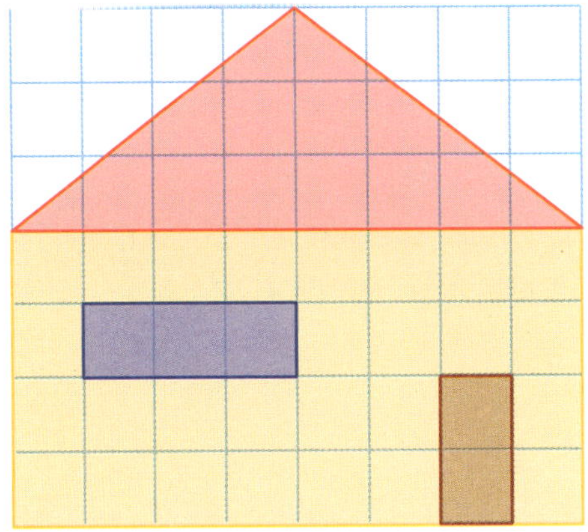

a. Construis un point O et un curseur k variant entre – 2 et 2, et par pas de 0,1.

b. Construis les images des différents polygones composant la figure, par l'homothétie de centre O et de rapport k, afin d'obtenir l'image de la figure entière.

c. Pour chacune des figures ci-dessous, indique la position du point O et la valeur de rapport.

①

②

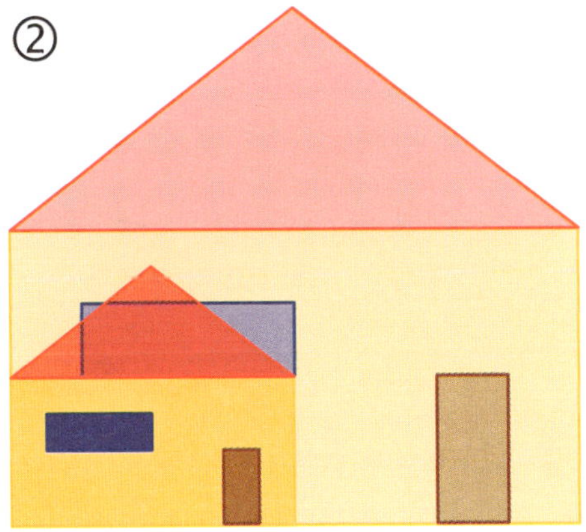

③

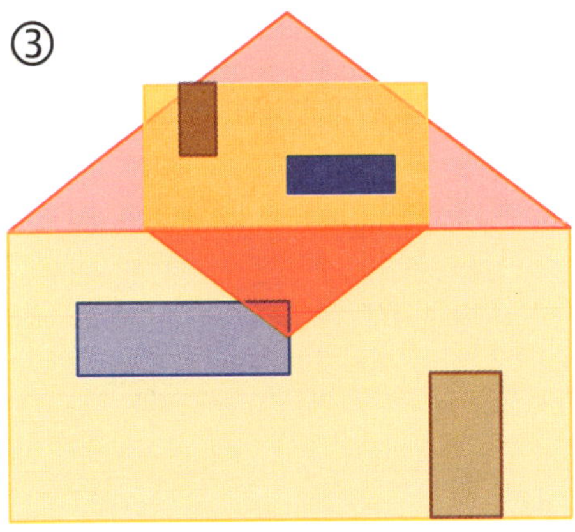

④

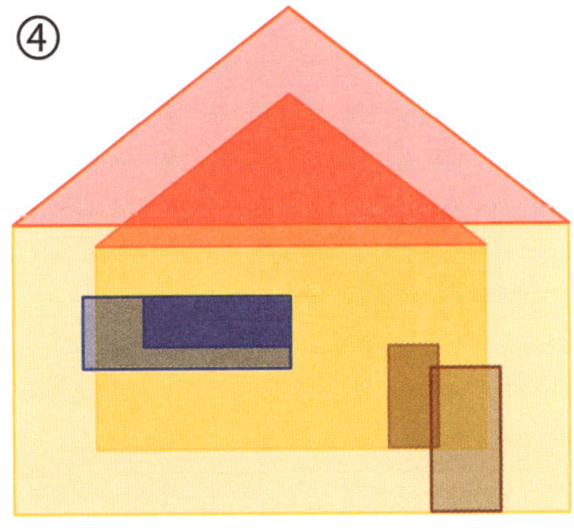

G3 Trigonométrie

Fiche 1 : Vocabulaire

1 Repasse en couleur les côtés demandés.

a. Le côté opposé à l'angle $\widehat{MON}$.

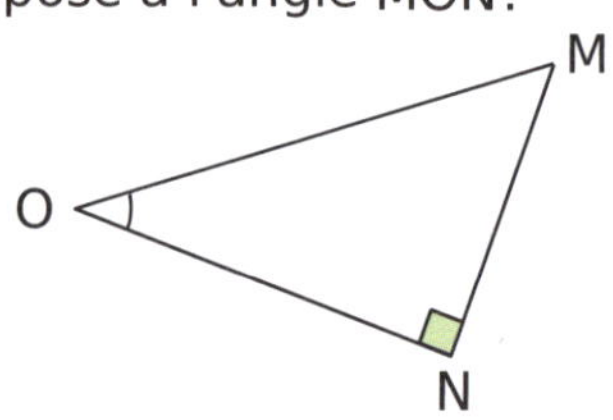

b. L'hypoténuse en rouge, et le côté opposé à l'angle $\widehat{SRT}$ en bleu.

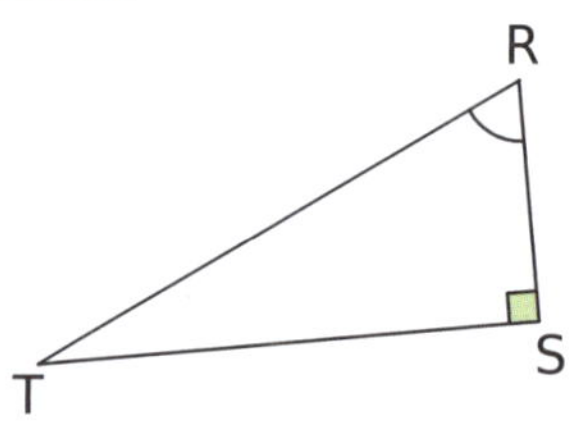

c. L'hypoténuse en rouge, et le côté adjacent à l'angle $\widehat{WXY}$ en bleu.

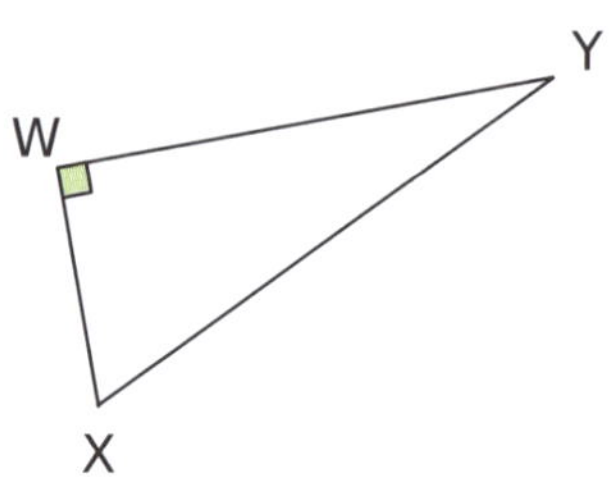

2 Complète les tableaux ci-dessous

a. Soit un triangle ABC rectangle en A.

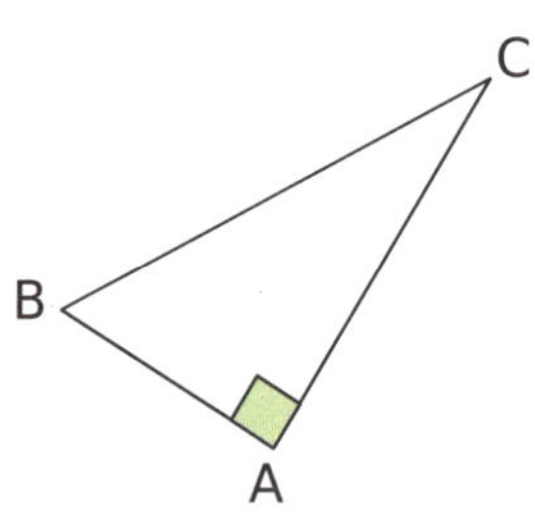

L'hypoténuse	
Côté adjacent à l'angle $\widehat{ABC}$	
Côté adjacent à l'angle $\widehat{ACB}$	

b. Soit DEF un triangle rectangle en E.

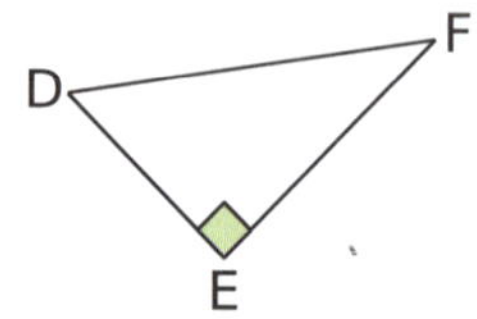

Côté opposé à l'angle $\widehat{EDF}$	
L'hypoténuse	
	[DE]

c. GHI est un triangle rectangle en H.

	[GH]
Côté adjacent à l'angle $\widehat{HIG}$	
	[IG]

3 Complète le tableau.

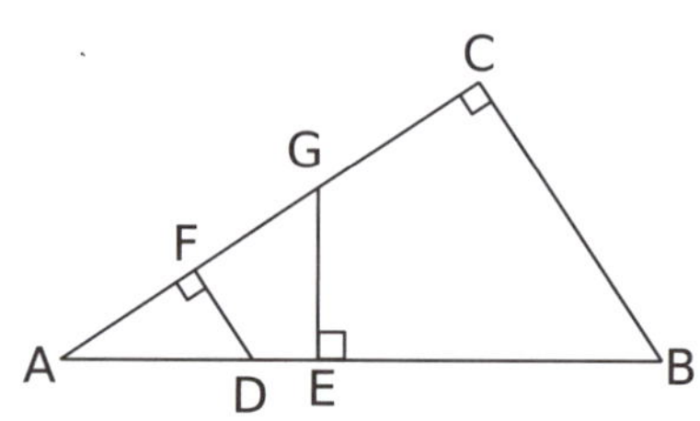

Triangle rectangle	Angle aigu	Côté opposé	Côté adjacent
AFD	$\widehat{FAD}$		
AGE	$\widehat{FAD}$		
ACB	$\widehat{FAD}$		
	$\widehat{ABC}$		
		[AF]	[FD]
			[GE]

FICHE 2 : CALCULS DE LONGUEURS

1 Dans chaque triangle rectangle, sont donnés un angle aigu et deux côtés.
Complète les bulles (côté adjacent à l'angle..., ...) puis écris la relation trigonométrique adaptée.

a.

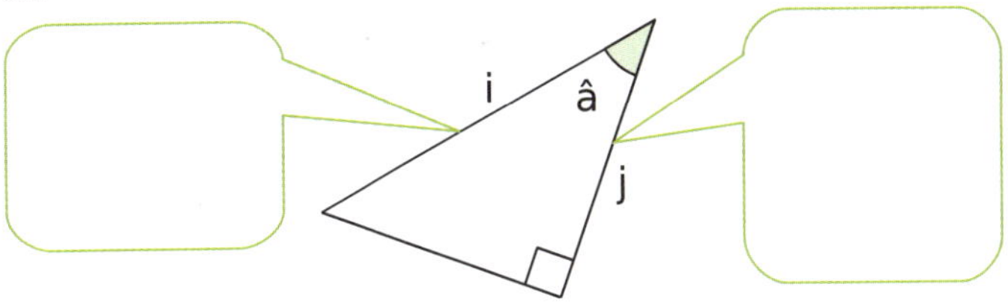

....

b.

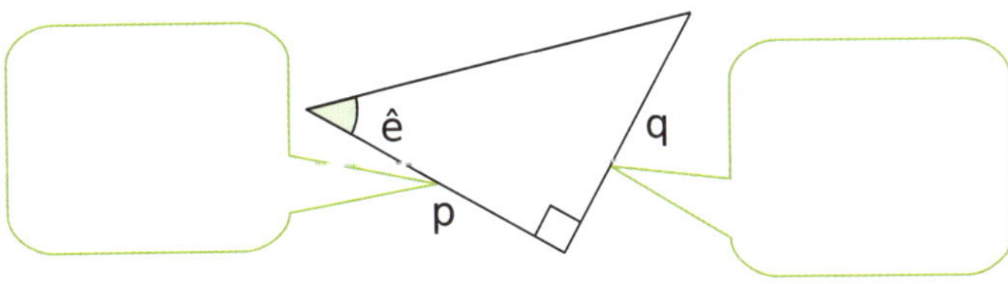

....

c.

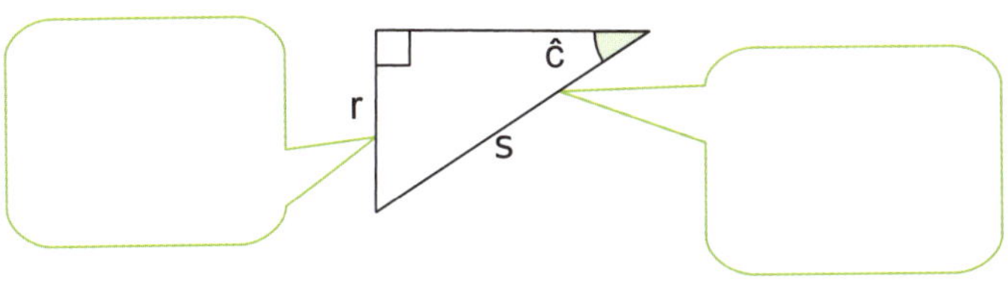

....

2 *Le bon rapport*

a. Dans le triangle MNO rectangle en O, exprime le cosinus de l'angle $\widehat{MNO}$.

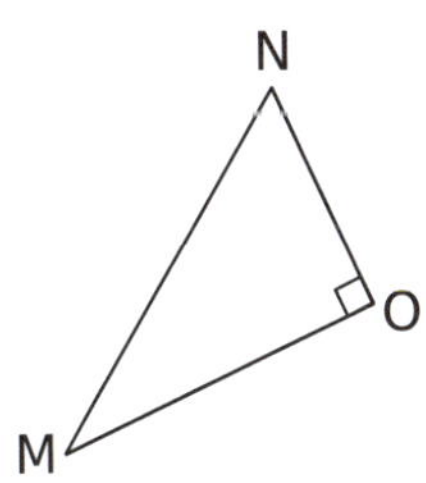

....

b. Dans le triangle HJK rectangle en K, exprime :

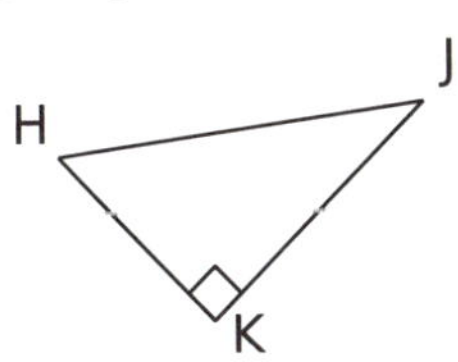

- le sinus de l'angle $\widehat{KHI}$: ....
- la tangente de l'angle $\widehat{KHI}$: ....

3 TUV est un triangle rectangle en V.
Écris tous les rapports trigonométriques possibles.

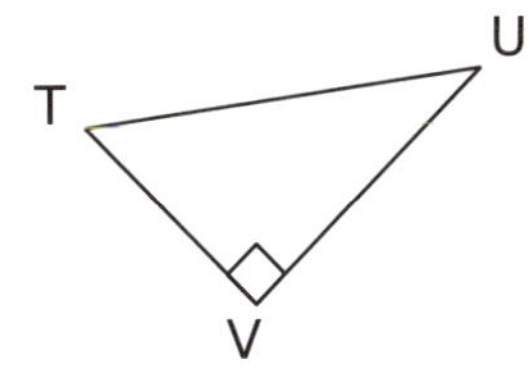

....

....

....

....

....

....

4 À l'aide de la figure ci-contre, complète les phrases ci-dessous.

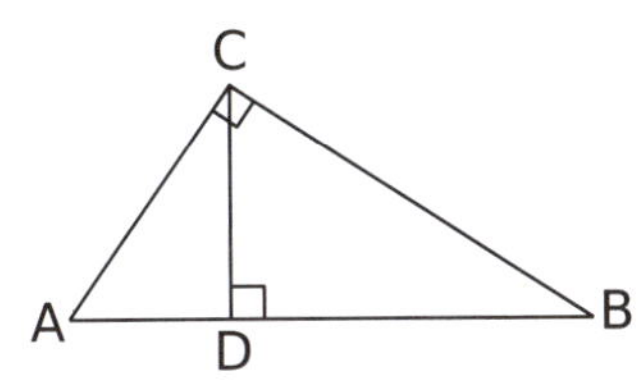

a. Dans le triangle ABC rectangle en C, on a :

$\cos \widehat{BAC}$ = ... $\cos \widehat{ABC}$ = ...

b. Dans le triangle BCD ...., on a :

$\sin \widehat{BCD}$ = ... $\tan \widehat{DBC}$ = ...

c. Dans le triangle ADC ...., on a :

$\sin \widehat{ACD}$ = ...

5 Complète le tableau avec le numéro du triangle qui convient.

Triangle n°1 Triangle n°2 Triangle n°3

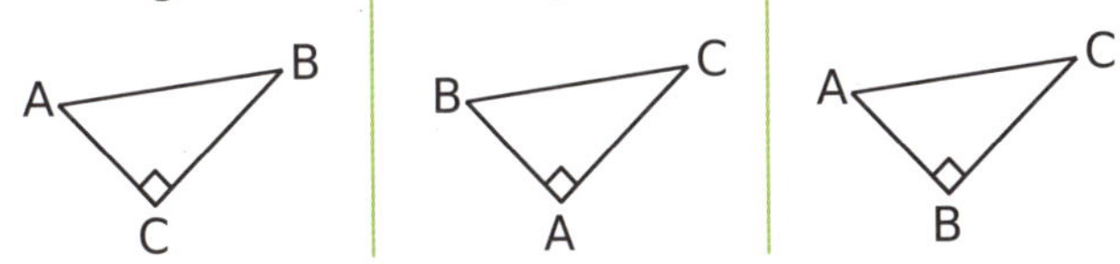

		n°
a.	$\cos \widehat{ABC} = \dfrac{AB}{BC}$	
b.	$\tan \widehat{ABC} = \dfrac{AC}{BC}$	

		n°
c.	$\sin \widehat{BAC} = \dfrac{BC}{AC}$	
d.	$\tan \widehat{BAC} = \dfrac{BC}{AC}$	

FICHE 3 : CALCULS D'ANGLES (1)

1 À l'aide de la calculatrice, calcule les valeurs, arrondies au centième, du sinus et de la tangente des angles donnés.

Angle	30°	45°	20°	83°	60°
Sinus					
Tangente					

2 À l'aide de la calculatrice, calcule la valeur, arrondie au degré, de la mesure des angles.

a.

Sinus	0,4	0,32	0,9	
Angle				

b.

Tangente	0,28	1,5	2,3	
Angle				

3 Détermine la valeur de l'inconnue.

a. $5{,}6 = \dfrac{x}{3{,}5}$ **b.** $\dfrac{8{,}5}{y} = \dfrac{3{,}4}{5{,}2}$

4 ABC est un triangle rectangle en A, AB = 5 cm et $\widehat{BCA}$ = 35°.

On veut calculer la longueur BC.

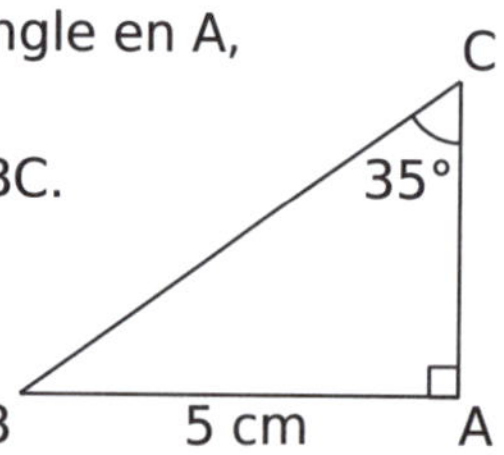

a. Repasse, en rouge, le segment dont la longueur est connue et, en vert, celui dont la longueur est recherchée.

Quel rapport trigonométrique peux-tu utiliser ici ?

b. Écris l'égalité correspondante.

c. Calcule BC.

5 MNP est un triangle, rectangle en M, tel que PN = 5,4 cm et $\widehat{MPN}$ = 42°.

On veut calculer la longueur MP.

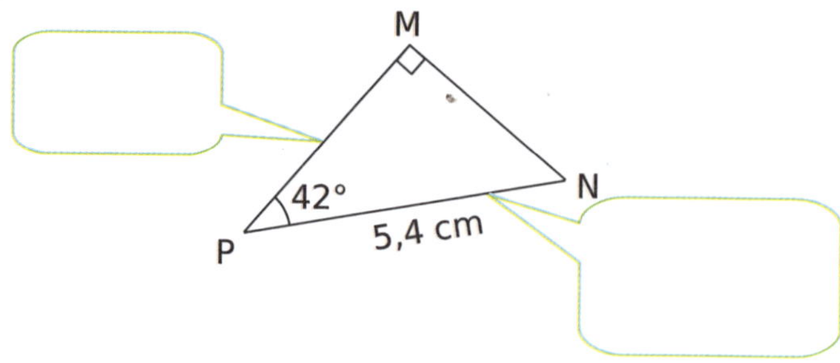

a. Complète la légende, déduis-en le rapport que l'on peut utiliser, et écris l'égalité.

b. Calcule MP.

6 RST est un triangle, rectangle en S, tel que RS = 4 cm et ST = 7 cm.

On veut calculer la mesure de l'angle $\widehat{SRT}$.

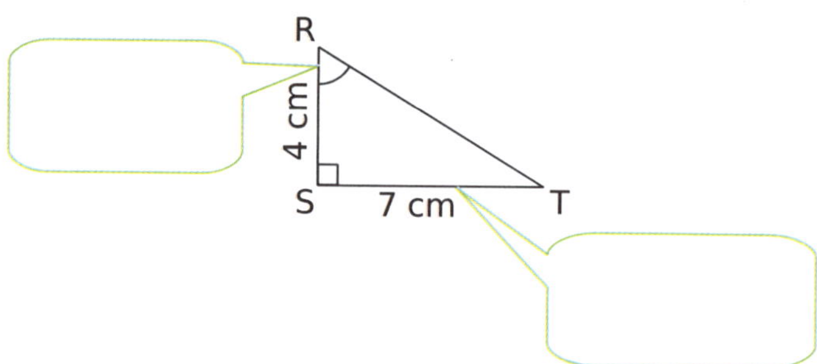

a. Complète la légende, puis déduis-en le rapport que l'on peut utiliser, et écris l'égalité.

b. Calcule la mesure de l'angle $\widehat{SRT}$.

FICHE 4 : CALCULS D'ANGLES (2)

1 IJK est un triangle, rectangle en I, tel que IJ = 3,2 cm et JK = 5,3 cm.

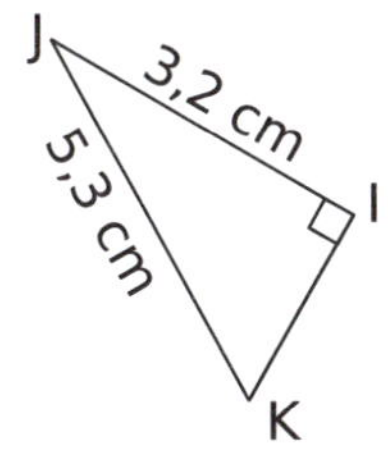

Calcule la mesure de l'angle $\widehat{IKJ}$, arrondie au degré.

2 ABC est un triangle rectangle en A.

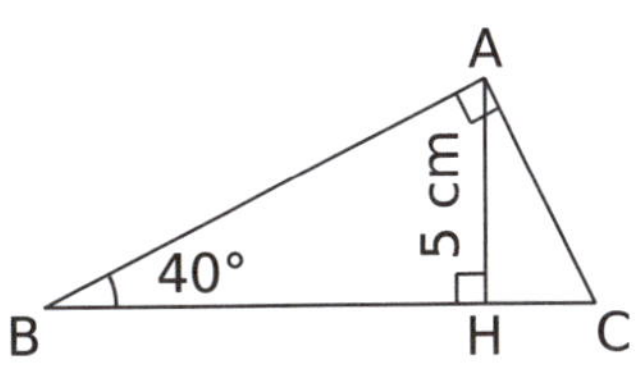

H est le pied de la hauteur issue de A.

AH = 5 cm ; $\widehat{ABC}$ = 40°.

a. Calcule la longueur AB, arrondie au dixième.

b. Calcule la longueur BC, arrondie au dixième.

3 ABCD est un trapèze rectangle, de bases [AB] et [CD], tel que AB = AD = 4,5 cm et DC = 6 cm.

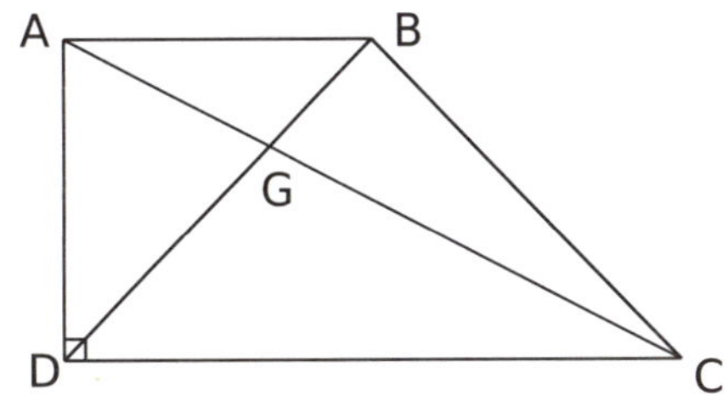

a. Calcule la mesure de l'angle $\widehat{ACD}$, arrondie au degré.

b. Calcule la longueur de la diagonale [AC].

c. Calcule la longueur BD, arrondie au millimètre.

d. Calcule la mesure de l'angle $\widehat{BAC}$, arrondie au degré.

Fiche 5 : Synthèse (1)

1 Pour propulser des billes, Luc a construit un plan incliné de 30° dont la base mesure 15 cm de long.

Quelle est la longueur de la pente ? Donne l'arrondi au millimètre.

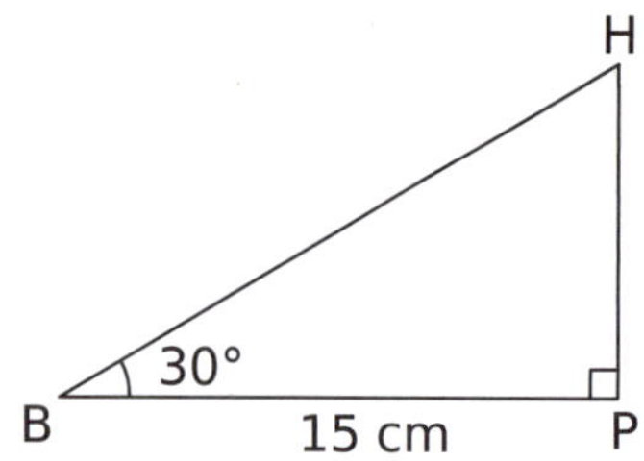

2 Dans la nuit, un lampadaire de 2,60 m de haut dessine sur le sol un disque de 95 cm de rayon.
Quelle est la mesure de l'angle formé par le cône de lumière avec le sol ? Arrondis au degré.

3 Pour effectuer une réparation sur un toit, Esteban doit poser son échelle contre un mur. Pour qu'elle soit suffisamment stable et qu'elle ne glisse pas, cette dernière doit former un angle d'au moins 65° avec le sol.

a. L'échelle mesure 2,20 m. Gêné par une jardinière de fleurs, Esteban n'a pu poser son échelle qu'à 1,20 m du mur.

Cette échelle sera-t-elle suffisamment stable ? Justifie.

b. À quelle distance minimum du mur doit-il placer son échelle pour qu'elle soit stable ?

4 ABC est un triangle, rectangle en B, tel que AB = 8 cm et $\widehat{BAC} = 30°$.

a. Construis la figure en vraie grandeur.

b. On note H le pied de la hauteur issue de B. Calcule, en centimètres, la longueur du segment [AH], arrondie au millimètre.

c. Calcule, en centimètres, la longueur du segment [BC], arrondie au millimètre.

FICHE 6 : SYNTHÈSE (2)

1 Sachant que les points E, F et G sont alignés, on veut calculer la longueur FS.

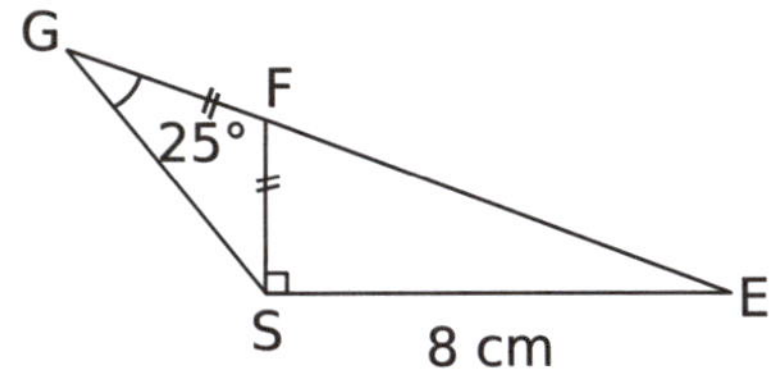

a. Calcule la mesure de l'angle $\widehat{GFS}$.

b. Calcule la mesure de l'angle $\widehat{SFE}$.

c. Déduis-en l'arrondi, au dixième, de FS.

2 Deux immeubles, distants de 10 m, sont situés l'un derrière l'autre. Le premier immeuble mesure 12 m.

Hakim (H) se trouve à 14 m du premier immeuble, ses yeux sont à 1,50 m du sol.

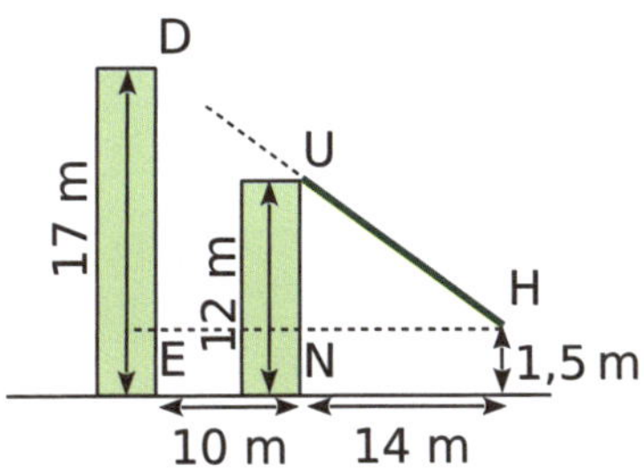

Peut-il voir le deuxième immeuble qui mesure 17 m ?

3 Joseph veut connaitre la distance entre deux monuments placés en O et en T, et alignés avec L. Il sait que LP = 2 km et que (LP) ⊥ (LT).

Par visée à partir du point P, il a obtenu les mesures des angles $\widehat{LPO}$ et $\widehat{LPT}$.

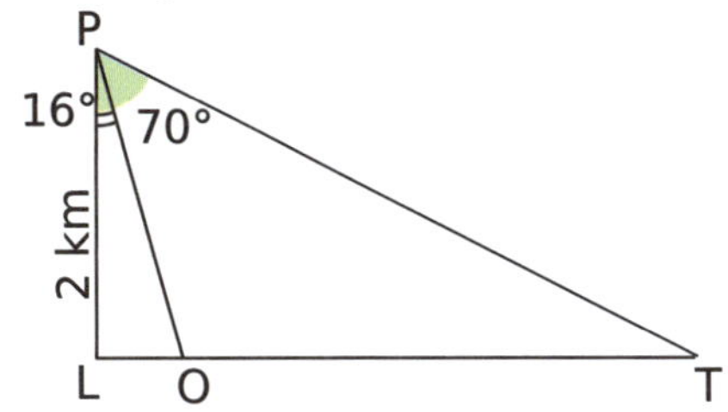

a. Exprime OT en fonction de LT et LO.

b. Calcule OT.

4 ABCDEFGH est un parallélépipède rectangle tel que :
AB = 10 cm ;
BC = 4,8 cm ;
GC = 6,4 cm.

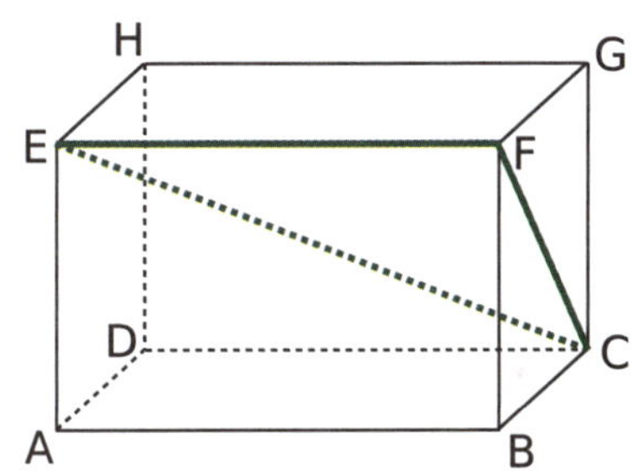

a. Calcule FC.

b. Quelle est la nature du triangle EFC ?

c. Donne l'arrondi à l'unité de la mesure de l'angle $\widehat{FCE}$.

FICHE 7 : SYNTHÈSE (3)

1 Sur cette figure, les points A, B, D d'une part, et A, C, E d'autre part, sont alignés. Les triangles ABC et ADE sont rectangles en B et D.
AB = 3 cm ;
AD = 6,6 cm
et $\widehat{ACB} = 37°$.

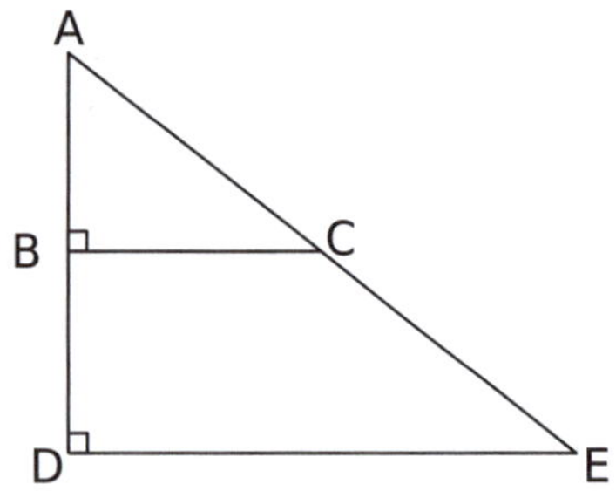

a. Donne l'arrondi au dixième de AC.

b. Calcule BC. Donne l'arrondi au dixième.

c. Donne l'arrondi à l'unité de DE.

2 Peux-tu trouver un angle aigu $\widehat{A}$ tel que $\cos\widehat{A} = \frac{3}{5}$ et $\sin\widehat{A} = \frac{4}{5}$? Justifie. Si oui, déduis-en $\tan\widehat{A}$, sans déterminer la mesure de l'angle.

3 Calcule le périmètre de ETG, à 1 mm près.

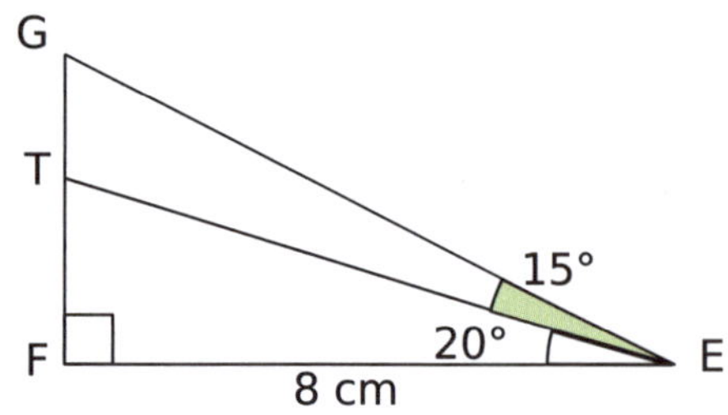

4 *Sans calculer la mesure de l'angle*

a. $\widehat{A}$ est un angle aigu tel que $\cos\widehat{A} = \frac{1}{2}$.
Sans calculer la mesure de l'angle $\widehat{A}$, détermine la valeur exacte de $\sin\widehat{A}$.

b. Déduis-en la valeur exacte de $\tan\widehat{A}$.

Espace

G4

Fiche 1 : Représentations de solides

1 Voici plusieurs solides, représentés en perspective cavalière. Donne le nom de chacun d'eux.

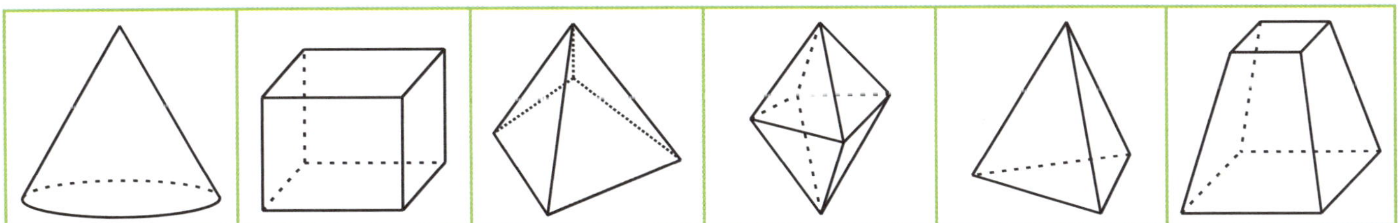

a. .... b. .... c. .... d. .... e. .... f. ....

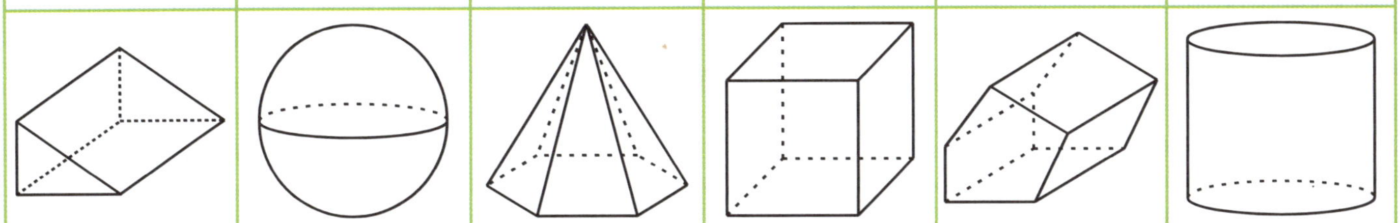

g. .... h. .... i. .... j. .... k. .... l. ....

2 Complète à l'aide des figures précédentes.

	b.	c.	d.	g.	i.
Nombre de faces					
Nombre de sommets					
Nombre d'arêtes					

3 ABCDEFGH est un pavé droit. Complète.

- ABLKEFMN est ....
- MDCGH est ....
- ALKN est ....

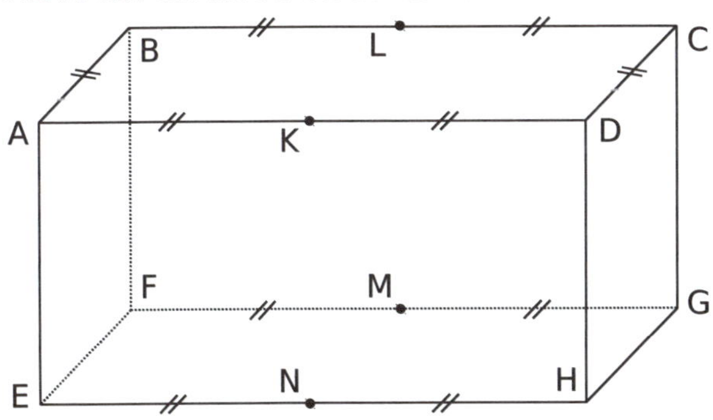

4 Associe chaque patron au nom du solide qui lui correspond : prisme droit (......), pyramide (......), cône de révolution (......), cube (......), pavé droit (......) et cylindre de révolution (......).

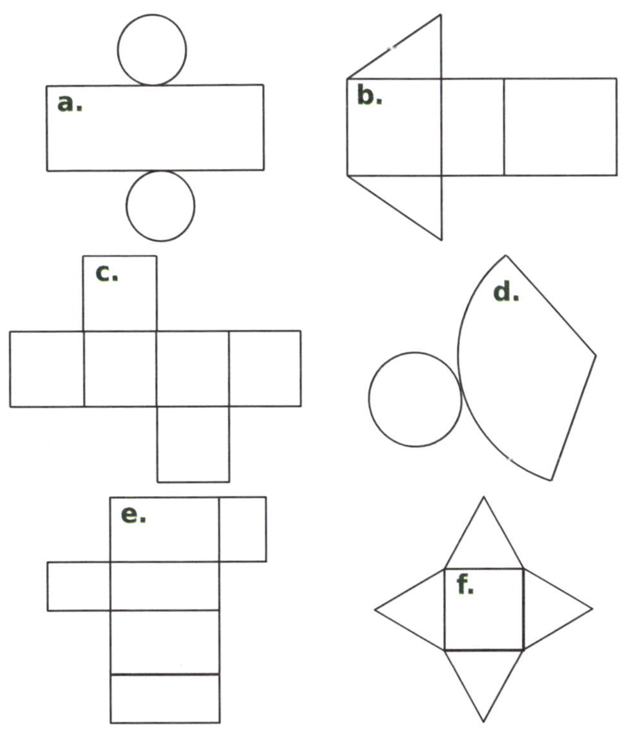

Fiche 2 : Sphère, boule (définition)

1 Dans chaque cas, précise si l'objet peut être assimilé à une sphère ou à une boule.

a. une balle de tennis
b. une balle de ping-pong
c. une bille
d. un ballon de baudruche
e. une boule de billard
f. la lune
g. un ballon de basket
h. une orange
i. une boule de glace
j. une boule de polystyrène

Sphère	Boule

2 La figure ci-contre représente une boule de centre O et de diamètre 5 cm.

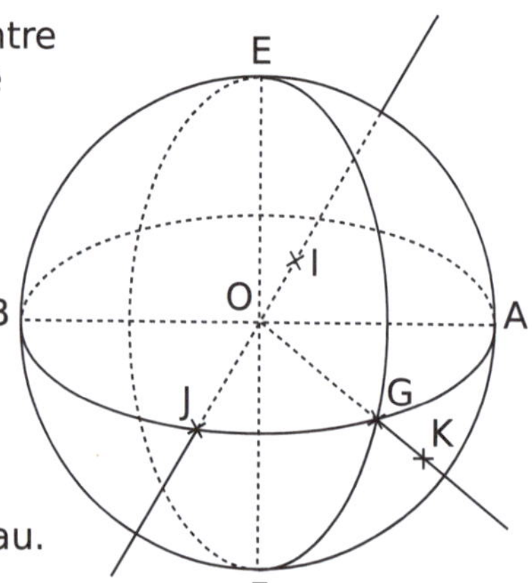

a. Complète le tableau.

Points appartenant à...

la sphère de centre O de rayon OA	
la boule de centre O de rayon OA	
aucune des deux	

b. Place, sur la figure, le point H, diamétralement opposé à G. Puis place, sur la demi-droite [OG), un point L qui appartienne à la boule de rayon OA.

c. Complète.

- [AB] est un .... de la sphère.
- [OG] est un .... de la sphère.
- [OJ] est un .... de la sphère.
- [GH] est un .... de la sphère.
- Le cercle de centre O et de diamètre [EF] est appelé .... de la sphère.

d. Quel est le périmètre du cercle de centre O et de diamètre [EF] ?

....

3 La figure ci-dessous représente une sphère de centre O et de rayon 3 cm. [AB] et [EF] sont deux diamètres perpendiculaires, et C est un point d'un grand cercle tel que AC = 4 cm.

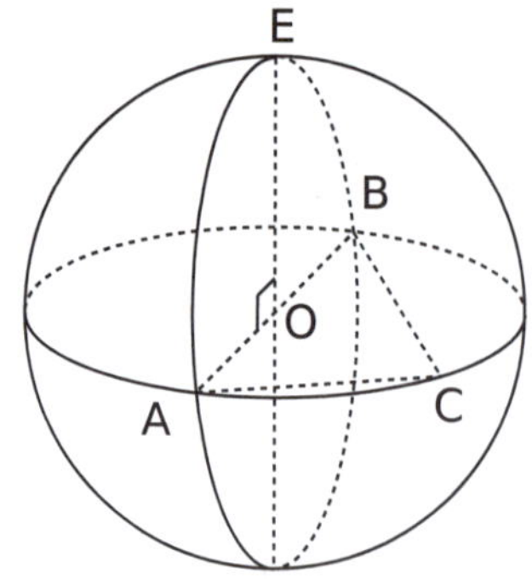

a. Complète.

AB = ... cm ; AO = ... cm

b. Quelle est la nature du triangle EAO ? Justifie.

....

....

....

c. Construis, en vraie grandeur, le triangle EAO.

d. Construis, en vraie grandeur, le triangle ABC rectangle en C.

e. Calcule la longueur BC. Arrondis au dixième.

....

....

....

....

....

Fiche 3 : Calculs de volumes (1)

1 Pour obtenir le solide représenté ci-dessous, on a empilé et collé 6 cubes de 4 cm d'arête et un prisme droit. La hauteur du prisme est égale à la moitié de l'arête des cubes.

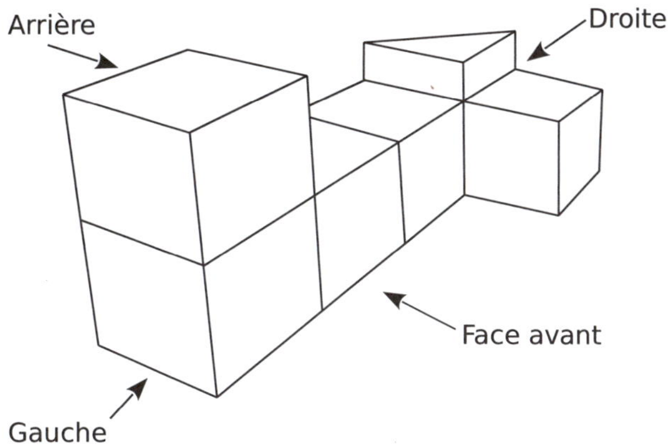

Calcule le volume du solide, en cm^3.

2 ABCDEFGH est un cube d'arête AB = 12 cm.

I est le milieu du segment [AB] ;
J est le milieu du segment [AE] ;
K est le milieu du segment [AD].

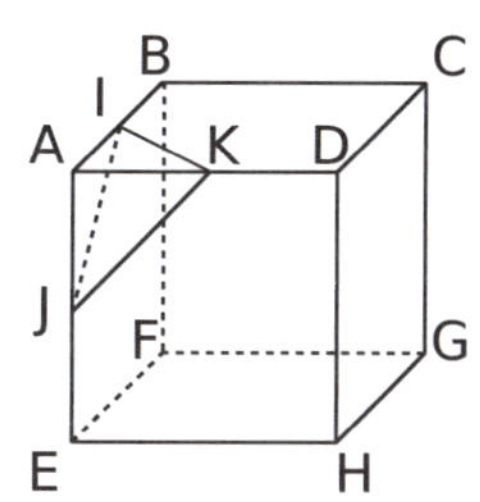

a. Calcule l'aire du triangle AIK.

b. Calcule le volume de la pyramide AIKJ de base AKI.

c. Quelle fraction du volume du cube représente le volume de la pyramide AIKJ ? Écris le résultat sous forme d'une fraction de numérateur 1.

3 Georges a acheté, pour ses enfants, un ballon gonflable en forme de sphère. Le diamètre de ce ballon est de 30 cm.

a. Calcule le volume du ballon, arrondi au cm^3.

b. À présent, Georges doit le gonfler. À chaque expiration, il souffle 500 cm^3 d'air dans le ballon. Combien de fois devra-t-il souffler pour le gonfler au maximum ?

c. Quelle est la surface de ce ballon ?

4 Une gélule a la forme d'un cylindre droit, de longueur 1 cm, avec une demi-sphère collée à chacune de ses bases, de rayon 3 mm.

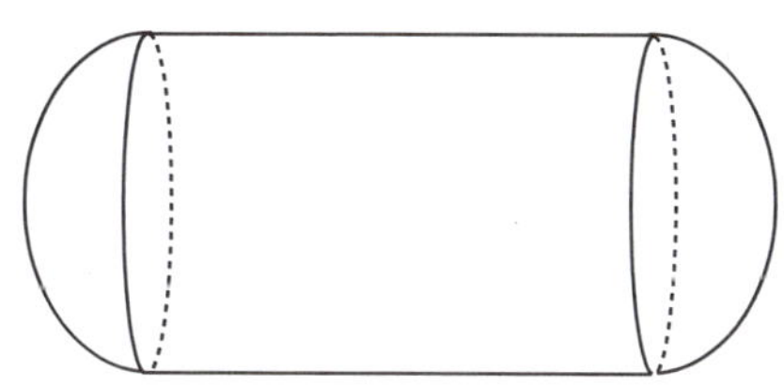

a. Reporte sur la figure les longueurs de l'énoncé, exprimées en millimètre.

b. Calcule le volume total exact de la gélule, puis son volume arrondi à l'unité.

FICHE 4 : CALCULS DE VOLUMES (2)

1 Un restaurant propose en dessert des coupes de glace composées de trois boules, supposées parfaitement sphériques, de diamètre 4,2 cm.

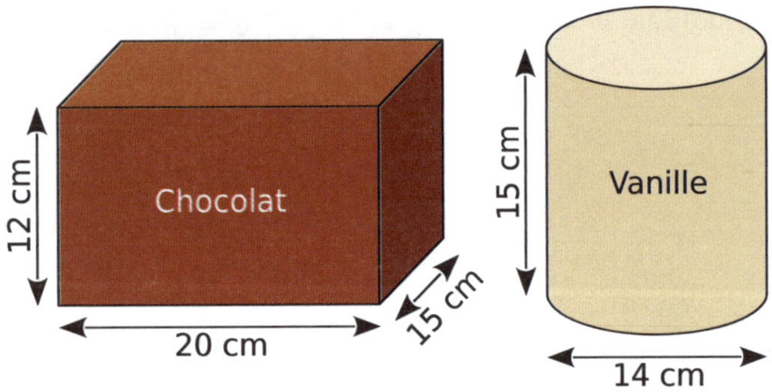

Le pot de glace au chocolat ayant la forme d'un parallélépipède rectangle est plein, ainsi que le pot de glace cylindrique à la vanille.
Le restaurateur veut constituer des coupes avec deux boules au chocolat et une boule à la vanille.

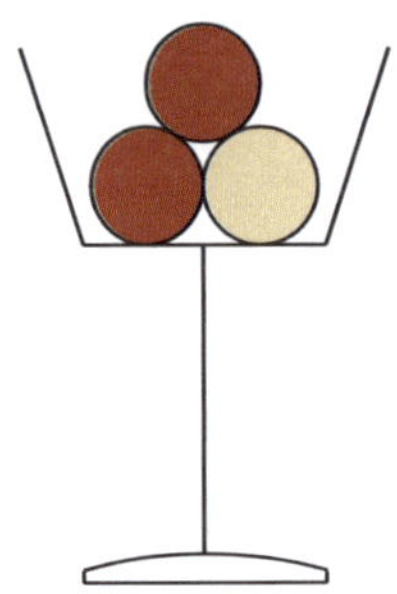

a. Montre que le volume d'un pot de glace au chocolat est 3 600 cm^3.

....

....

b. Calcule la valeur, arrondie au cm^3, du volume d'un pot de glace à la vanille.

....

....

....

c. Calcule la valeur, arrondie au cm^3, du volume d'une boule de glace contenue dans la coupe.

....

....

....

d. Sachant que le restaurateur doit faire 100 coupes de glace, combien doit-il acheter de pots au chocolat et de pots à la vanille ?

....

....

....

....

....

....

2 On considère une bougie conique représentée ci-contre.

Le rayon OA de sa base est 2,5 cm.
La longueur du segment [SA] est 6,5 cm.

La figure n'est pas aux dimensions réelles.

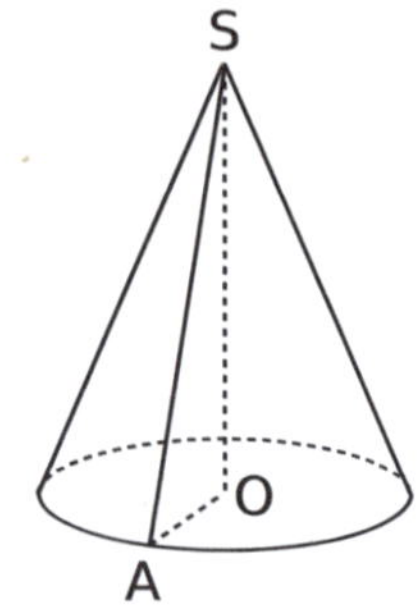

a. Sans justifier, donne la nature du triangle SAO et construis-le en vraie grandeur.

....

....

b. Montre que la hauteur SO de la bougie est 6 cm.

....

....

....

....

....

....

....

c. Calcule le volume de cire nécessaire à la fabrication de cette bougie ; on donnera la valeur arrondie au dixième de cm^3.

....

....

....

d. Calcule l'angle $\widehat{ASO}$; on donnera la valeur arrondie au degré.

....

....

....

Fiche 5 : Calculs de volumes (3)

1 Le culbuto ci-contre est un jouet pour enfant qui oscille sur une base sphérique.

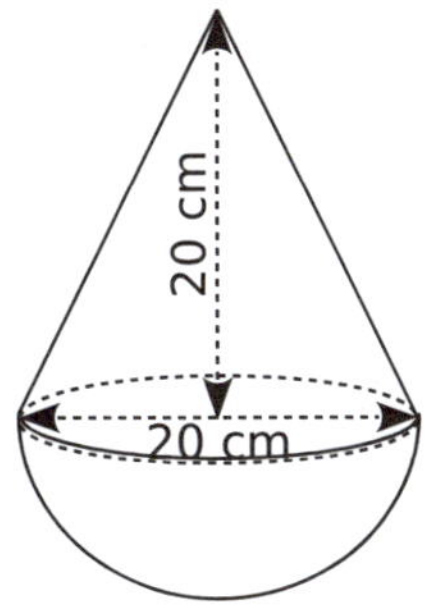

a. Calcule son volume exact, puis arrondis au cm^3.

....

....

....

....

....

b. La base sphérique est remplie de sable. Quelle proportion du jouet est occupée par le sable ?

....

....

....

....

....

2 Ce moule à gâteau a la forme d'un pavé droit à base carrée dans lequel on a évidé une demi-boule.

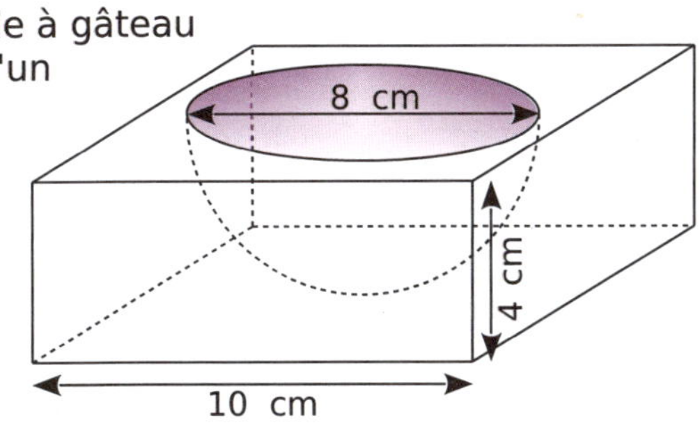

a. Calcule le volume de plastique nécessaire pour fabriquer ce moule, arrondi au centième de cm^3.

....

....

....

....

b. Ce moule a servi à Catherine pour faire un gâteau qu'elle veut à présent napper de chocolat. Détermine la surface de gâteau à recouvrir, arrondie au centième de cm^2.

....

....

....

....

3 On considère les trois solides suivants :

- la boule de centre O et de rayon SO tel que SO = 3 cm ;
- la pyramide SEFGH de hauteur 3 cm dont la base est le carré EFGH de côté 6 cm ;
- le cube ABCDEFGH d'arête 6 cm.

Ces trois solides sont placés dans un récipient.

Ce récipient est représenté par le pavé droit ABCDIJKL, de hauteur 15 cm, dont la base est le carré ABCD de côté 6 cm.

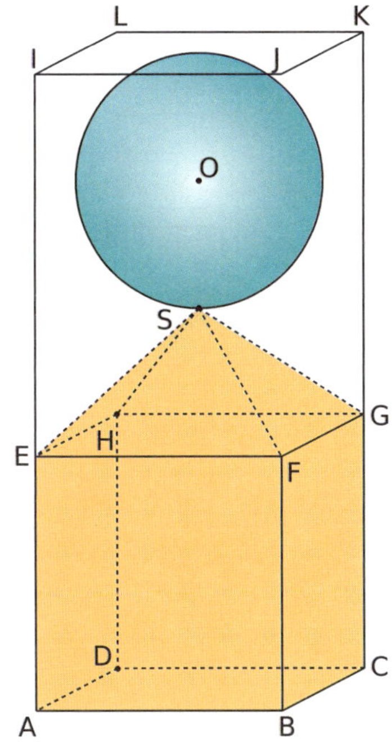

La figure n'est pas en vraie grandeur.

a. Calcule le volume du cube ABCDEFGH, en cm^3.

....

....

b. Calcule le volume de la pyramide SEFGH, en cm^3.

....

....

....

c. Calcule le volume de la boule, en cm^3. (On arrondira à l'unité près.)

....

....

....

d. Déduis-en le volume occupé par les trois solides à l'intérieur du pavé ABCDIJKL, en cm^3.

....

....

....

e. Pourrait-on verser dans ce récipient 20 cl d'eau sans qu'elle ne déborde ?

....

....

....

FICHE 6 : SECTIONS DE SOLIDES (1)

1 La figure ci-contre représente le pavé droit ABCDEFGH et sa section BCMN.

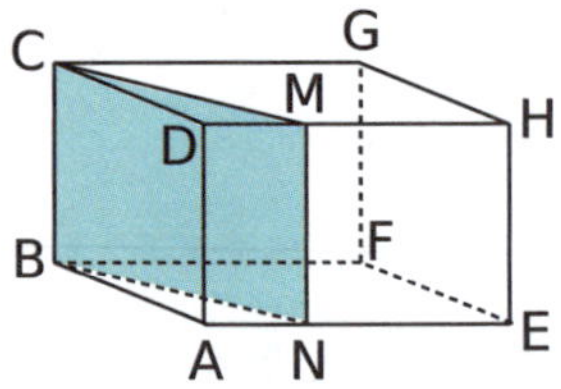

On donne AB = 5 cm ; BC = 4 cm et AE = 6 cm.

a. Quelle est la nature du quadrilatère BCMN ?

....

....

b. Sachant que MD = 2 cm, calcule les dimensions exactes de BCMN.

....

....

....

....

....

....

....

c. Calcule l'aire de BCMN, arrondie au mm^2.

....

....

2 Le cube représenté ci-contre est un cube d'arête 6 cm.

La figure n'est pas aux dimensions réelles.

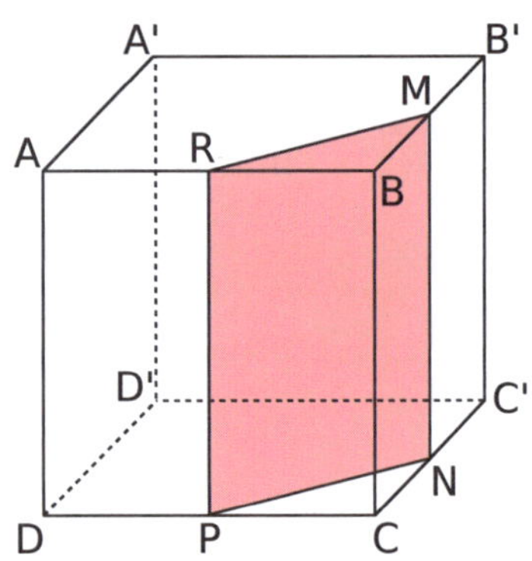

On considère :

- le point M milieu de l'arête [BB'],
- le point N milieu de l'arête [CC'],
- le point P milieu de l'arête [DC],
- le point R milieu de l'arête [AB].

a. Quelle est la nature du triangle BRM ?

....

....

....

....

b. Construis ce triangle en vraie grandeur.

c. Calcule la valeur exacte de RM.

....

....

....

....

....

....

d. On coupe le cube par le plan passant par R et parallèle à l'arête [BC]. La section est le quadrilatère RMNP. Quelle est la nature de la section RMNP ?

....

....

e. Construis RMNP en vraie grandeur. Donne ses dimensions exactes.

....

....

....

....

....

....

....

....

f. Calcule l'aire du triangle RBM.

....

....

g. Calcule le volume du prisme droit, de base le triangle RBM, et de hauteur [BC].

....

....

....

FICHE 7 : SECTIONS DE SOLIDES (2)

1 *Avec un quadrillage*

a. Dessine en rouge la section du pavé ABCDEHGF par le plan contenant M, et parallèle à la face DFGC.

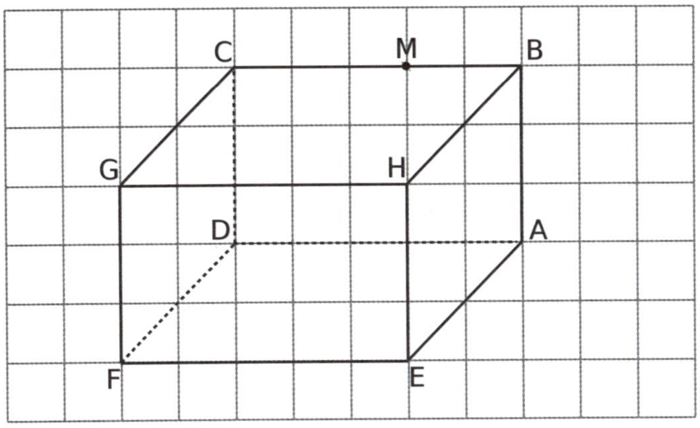

b. Dessine en bleu la section du pavé ABCDEHGF par le plan contenant M, et parallèle à la face ADFE.

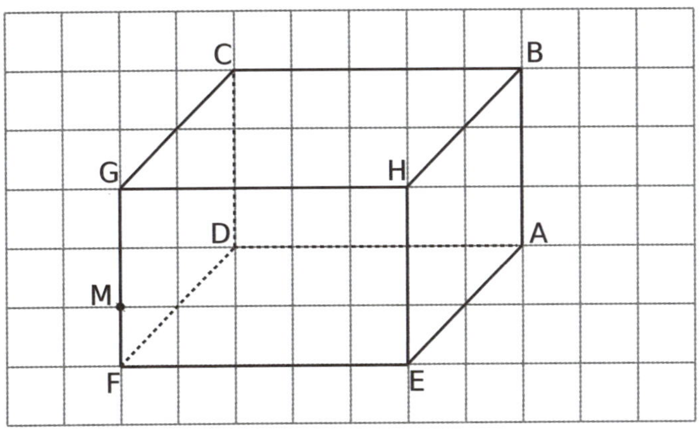

c. Dessine en vert la section du pavé ABCDEHGF par le plan contenant M, et perpendiculaire à l'arête [BH].

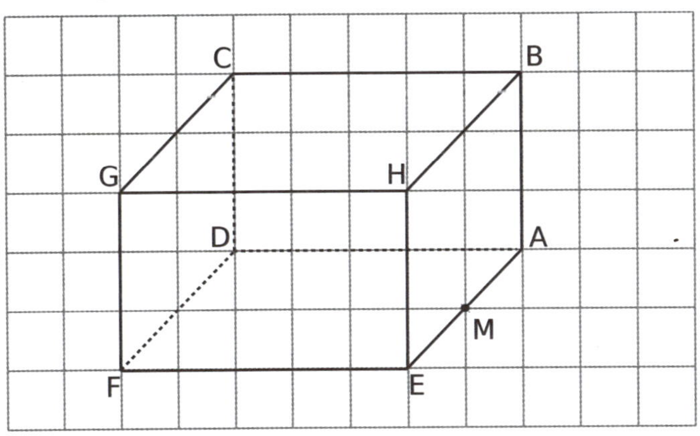

2 On considère un cylindre de révolution de rayon 2,5 cm et de hauteur 3,5 cm.

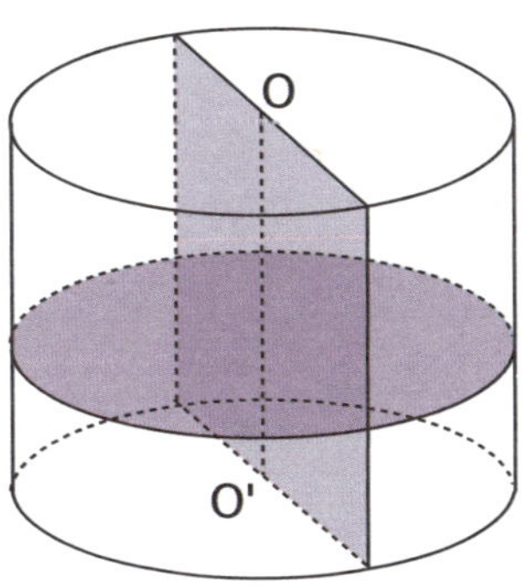

a. Dessine ci-dessous, en vraie grandeur, la section du cylindre par un plan perpendiculaire à son axe (OO').

b. Dessine ci-dessous, en vraie grandeur, la section de ce cylindre par un plan parallèle à son axe contenant O et O'.

3 On réalise la section ABB'A' par un plan parallèle à l'axe d'un cylindre de hauteur [OO'] mesurant 5 cm et de rayon [OA] mesurant 3 cm, de sorte que le triangle AOB soit rectangle en O.

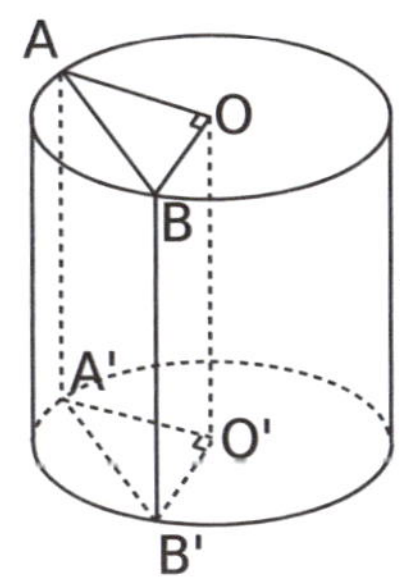

a. Précise la nature du triangle AOB.

....

....

b. Quelle est la nature de la section ABB'A' ?

....

....

c. Calcule l'aire de ABB'A', arrondie au dixième.

....

....

....

....

....

Fiche 8 : Sections de solides (3)

1 EABC est un tétraèdre tel que AB = 12 cm ; BC = 8 cm et BE = 16 cm. MNP est la section de la pyramide par un plan, parallèle à la base, passant par le point N de [EB] tel que EN = 6,4 cm.

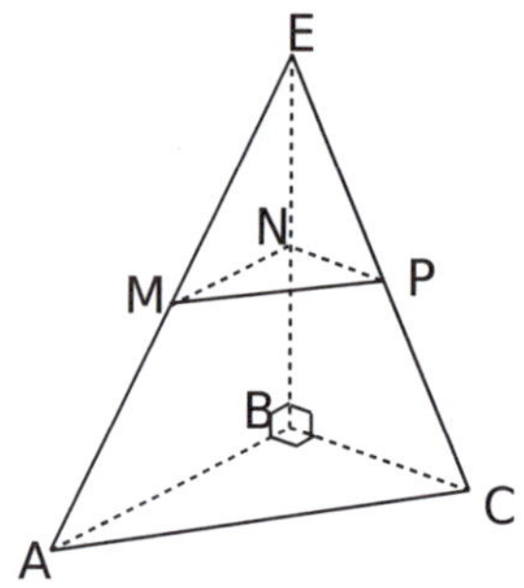

a. Quelle est la nature du triangle MNP ?

....

....

b. Calcule la valeur exacte de MN.

....

....

....

....

....

c. Calcule la valeur exacte de NP.

....

....

....

....

....

d. Trace le triangle MNP en vraie grandeur.

e. Calcule la valeur exacte de MP.

....

....

....

....

....

2 *Section de pyramide*

a. Dessine une représentation en perspective cavalière d'une pyramide à base carrée, de hauteur 4 cm et de côté de base 2,4 cm.

b. Calcule l'aire de la base de cette pyramide.

....

....

c. Calcule le volume de cette pyramide.

....

....

....

d. Complète la représentation en traçant la section de la pyramide par le plan, parallèle à la base, qui coupe la hauteur aux trois quarts en partant du sommet.

e. Donne la nature et les dimensions de cette section.

....

....

....

....

....

f. Calcule l'aire de la base de la petite pyramide.

....

....

....

g. Calcule le volume de la petite pyramide.

....

....

....

FICHE 9 : SECTIONS DE SOLIDES (4)

1 On réalise la section d'un cône de révolution de sommet S, de base le disque de centre O et de génératrice [SA], par un plan parallèle à la base passant par le point A' de la génératrice [SA].
SA = 8 cm ;
SO = 6 cm ;
SA' = 5 cm.

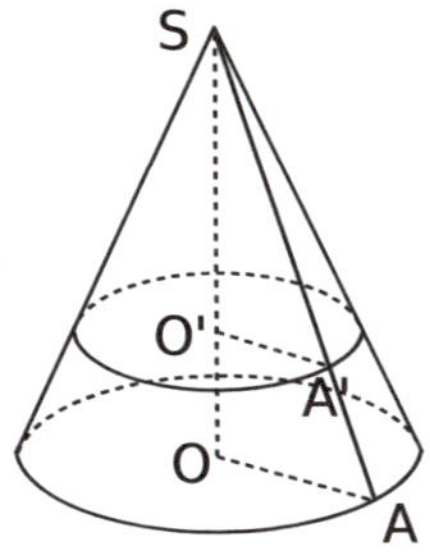

Donne la nature et les dimensions de la section.

2 *Section d'une sphère*

a. Calcule la valeur, arrondie au cm^3, du volume d'une boule de rayon R = 7 cm.

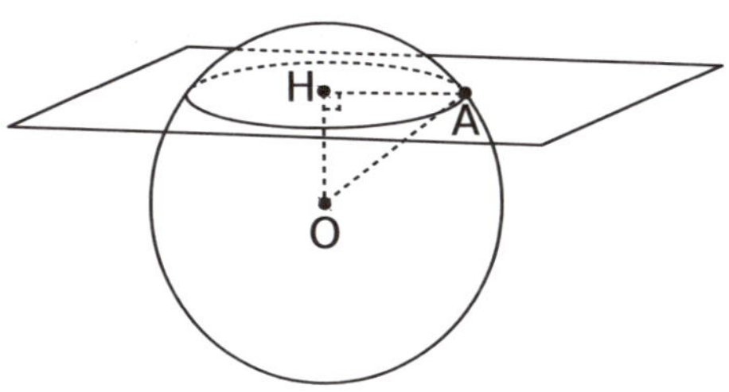

b. On réalise la section de la sphère de centre O et de rayon OA = 7 cm par un plan, représenté ci-dessus. Quelle est la nature de cette section ?

c. Calcule la valeur exacte du rayon HA de cette section, sachant que OH = 4 cm.

3 On réalise la section d'une sphère de centre O et de rayon 4 cm par un plan passant par le point O' situé à 2 cm de O.

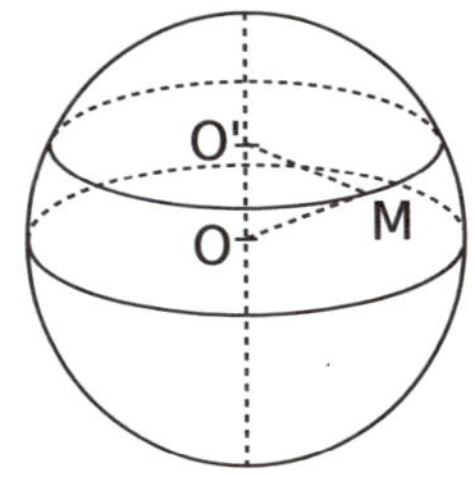

a. M étant un point de la section, quelle est la nature du triangle OO'M ?

b. Calcule la valeur exacte du rayon de la section, puis donne la valeur arrondie au millimètre.

c. Calcule la mesure de l'angle $\widehat{O'OM}$ à 1° près.

4 Une boule de pétanque de rayon 3,6 cm lancée dans le sable a laissé une empreinte ayant la forme d'une calotte sphérique délimitée par un cercle de rayon 2,3 cm.

Calcule la profondeur de la trace, à 1 mm près.

Fiche 10 : Agrandissements, réductions (1)

1 Un triangle A'B'C', rectangle en A' et d'aire 27 cm², est un agrandissement d'un triangle ABC, rectangle en A, tel que AB = 3 cm et AC = 2 cm.

Calcule les longueurs A'B' et A'C'.

....

....

....

....

....

....

....

....

2 Une figure a une aire de 124 cm².
Après réduction, on obtient une nouvelle figure dont l'aire est 89,59 cm².
Détermine le rapport de réduction.

....

....

....

....

3 Soit un cube d'arête 5 cm.

a. Quelle est, en cm², l'aire de sa surface totale (c'est-à-dire la surface composée par ses 6 faces) ?

....

....

....

b. Calcule le volume de ce cube, en cm³.

....

....

....

c. Un autre cube a une surface totale 16 fois plus grande. Quel est le volume de ce cube, en cm³ ?

....

....

....

....

....

4 Un cylindre a un volume de 51 cm³.
Quel est le volume du cylindre obtenu après une réduction de rapport 0,6 ?

....

....

....

....

5 On fait subir un agrandissement de coefficient 5 à une pyramide. La pyramide obtenue a un volume de 2 000 cm³. Quel était le volume de la pyramide de départ ?

....

....

....

....

6 La pyramide du Louvre est une pyramide régulière, à base carrée, de 35 m de côté et de 22 m de hauteur.

a. Fais un schéma.

b. Calcule le volume $\mathcal{V}$ de cette pyramide. Donne la valeur exacte en m³, puis la valeur arrondie à l'unité.

....

....

....

c. Sur une maquette, on construit une réduction de cette pyramide. Le côté de la base carrée mesure 7 cm. Calcule le coefficient de réduction.

....

....

....

....

d. Déduis-en le volume $\mathcal{V}'$ de la pyramide sur la maquette. Donne la valeur exacte en cm³, puis la valeur arrondie à l'unité.

....

....

Fiche 11 : Agrandissements, réductions (2)

1 On coupe une pyramide à mi-hauteur par un plan parallèle à la base.

a. Exprime le volume $\mathcal{V}'$ de la petite pyramide en fonction du volume $\mathcal{V}$ de la pyramide de départ.

b. Montre que le volume $\mathcal{V}''$ du tronc de pyramide obtenu est égal aux $\frac{7}{8}$ du volume $\mathcal{V}$ de la pyramide de départ.

2 Une petite sphère a pour rayon r.
Une grande sphère a pour rayon $3r$.
Soient v le volume de la petite sphère et $\mathcal{V}$ le volume de la grande sphère.
Exprime $\mathcal{V}$ en fonction de v.

3 Un ballon de basket est assimilable à une sphère de rayon 12 cm.

a. Calcule le volume $\mathcal{V}$ de ce ballon. Donne la valeur exacte, puis le résultat arrondi au cm³.

b. Une balle est une réduction de ce ballon à l'échelle $\frac{4}{15}$. Calcule le rayon de cette balle.

c. Calcule le volume $\mathcal{V}'$ de cette balle. Donne la valeur exacte, puis le résultat arrondi au cm³.

4 On réalise la section d'une pyramide SABCD à base rectangulaire par un plan parallèle à sa base, à 5 cm du sommet.
AB = 4,8 cm ;
BC = 4,2 cm
et SH = 8 cm.

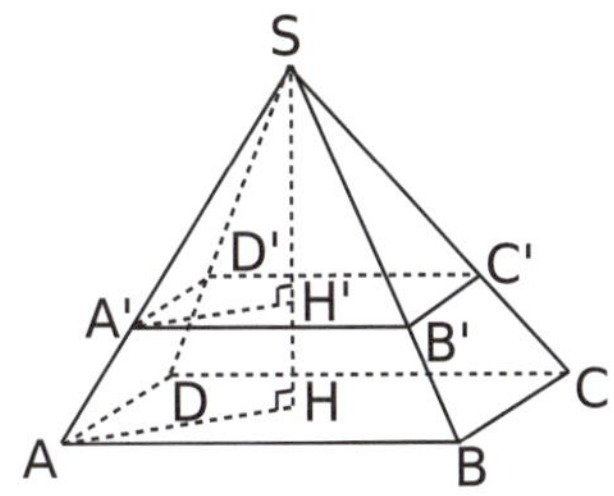

a. Calcule le volume de la pyramide SABCD.

b. La pyramide SA'B'C'D' est une réduction de la pyramide SABCD. Donne le rapport de cette réduction.

c. Déduis-en le volume de la pyramide SA'B'C'D'.

5 Sur la figure ci-contre, on a un cône de révolution tel que SO = 10 cm.
Un plan parallèle à la base coupe ce cône tel que SO' = 7 cm.
La figure n'est pas à l'échelle.

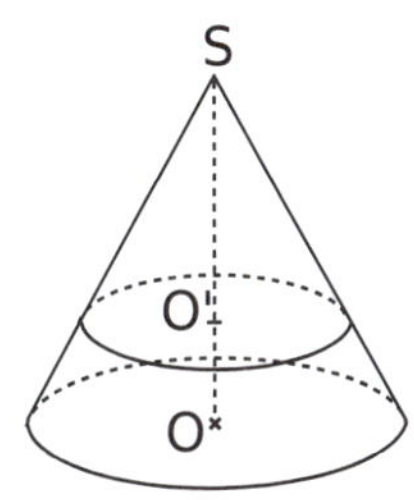

a. Le rayon du disque de base du grand cône est de 3,2 cm. Calcule la valeur exacte du volume du grand cône.

b. Quel est le coefficient de réduction qui permet de passer du grand cône au petit cône ?

c. Calcule la valeur exacte du volume de ce petit cône, puis donnes-en la valeur arrondie au cm³.

Une lanterne, entièrement vitrée, a la forme d'une pyramide reposant sur un parallélépipède rectangle ABCDEFGH.
S est le sommet de la pyramide.
O est le centre du rectangle ABCD.
SO est la hauteur de la pyramide.

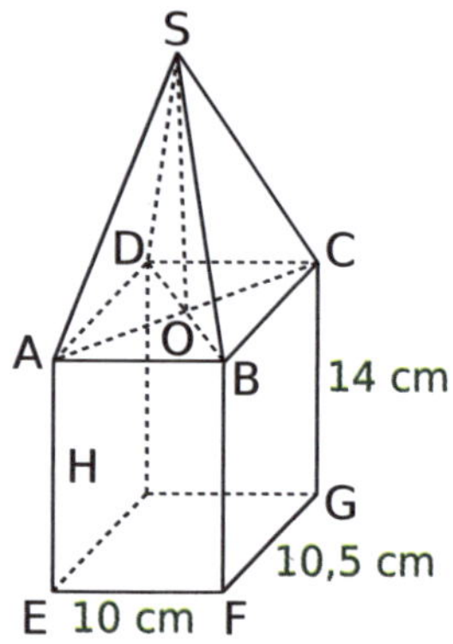

Première partie :

Dans cette partie, la hauteur SO est égale à 12 cm.

a. Calcule le volume du parallélépipède rectangle ABCDEFGH.

....

....

....

b. Calcule le volume de la pyramide SABDC.

....

....

....

c. Déduis-en le volume de la lanterne.

....

....

....

d. Sachant que le segment [OC] mesure 7,25 cm, calcule une valeur approchée, à 0,1 degré près, de la mesure de l'angle $\widehat{OSC}$.

....

....

....

....

....

....

....

....

Deuxième partie :

Dans cette partie, on désigne par x la hauteur SO, en cm, de la pyramide SABCD.

e. Montre que le volume, en cm³, de la lanterne est donné par : $\mathcal{V}(x) = 1\,470 + 35x$.

....

....

....

....

....

f. Calcule ce volume pour $x = 7$.

....

....

....

....

....

g. Pour quelle valeur de x le volume de la lanterne est-il de 1 862 cm³ ?

....

....

....

....

....

h. Tableur

Un tableur est utilisé pour calculer le volume de la lanterne, noté $\mathcal{V}(x)$, pour plusieurs valeurs de x, hauteur de la pyramide.

	A	B
1	x	$\mathcal{V}(x)$
2		
3		
4		
5		

Parmi les trois formules ci-dessous, entoure celle que l'on peut saisir dans la case B2 pour obtenir le calcul du volume de la lanterne.

1470+35*A1	=1470+35/A1	=1470+35*A1

Explique ta réponse :

....

....

....

FICHE 13 : COORDONNÉES

1 L'espace est muni d'un repère.

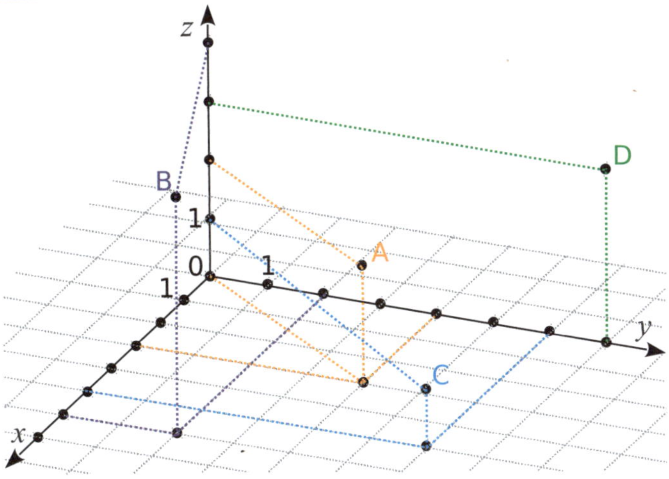

a. Quelle est l'abscisse du point A ? ....

b. Quelle est l'ordonnée du point A ? ....

c. Quelle est la cote du point A ? ....

d. Détermine les coordonnées des points B, C et D.

....

2 OABCDEFG est un pavé droit. Le point A appartient à l'axe des abscisses, C à l'axe des ordonnées et D à l'axe des cotes.

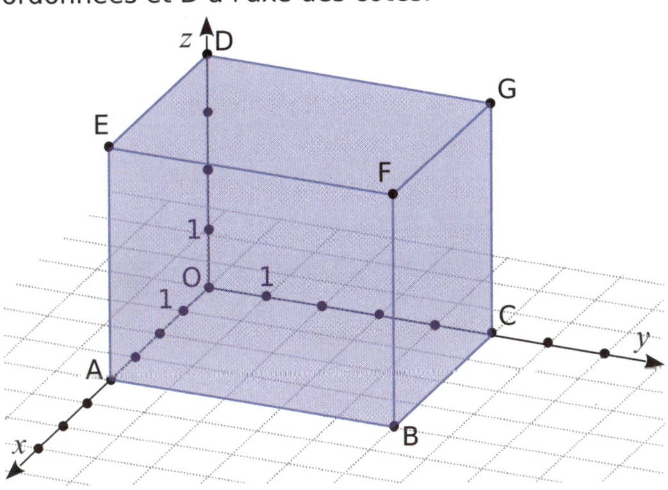

a. Détermine les coordonnées des sommets de ce pavé droit.

....

....

....

b. On suppose maintenant que F a pour coordonnées (x_F ; y_F ; z_F). Détermine les coordonnées des sommets du pavé droit OABCDEFG, en fonction des coordonnées de F.

....

....

....

3 Dans ce repère, place les points : A(0 ; 5 ; 0) ; B(4 ; 0 ; 1) ; C(7 ; 3 ; 2) ; D(2 ; 3 ; 4) et E(3 ; 5 ; 3).

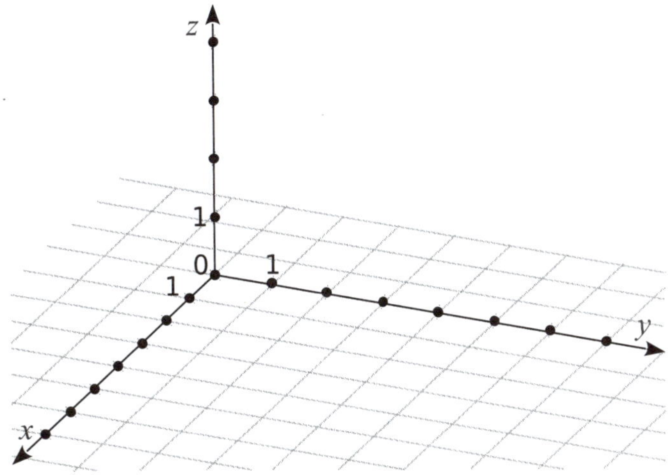

4 Sur ce globe, quelles villes se trouvent entre...

a. l'équateur et la latitude 20°N ?

....

b. le méridien de Greenwich et la longitude 30°O ?

....

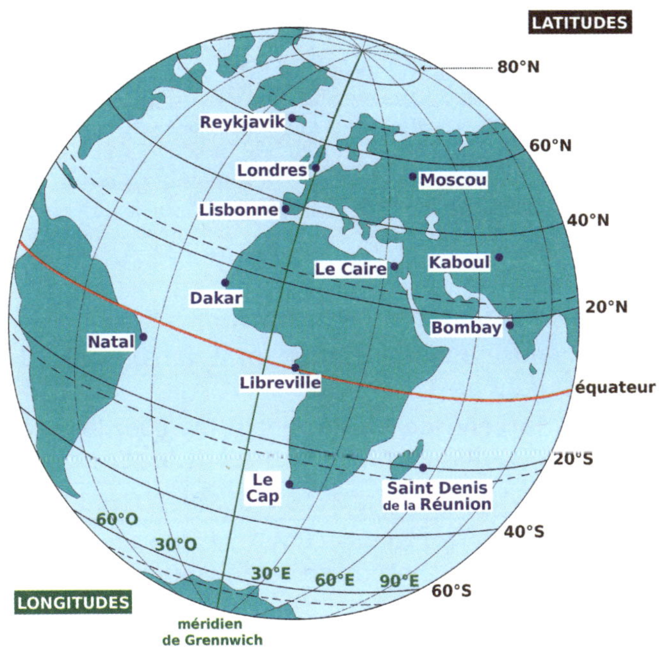

5 Observe le globe ci-dessus. À quelles villes correspondent les coordonnées géographiques suivantes ? Complète le tableau.

33°S 18°E		38°N 9°O	
51°N 0°O		20°S 55°E	
14°N 17°O		5°S 35°O	
30°N 31°E		64°N 21°O	
55°N 37°E		0°N 9°E	
19°N 72°E		34°N 69°E	

Géométrie dynamique

1 Dans la fenêtre *Graphique 3D*, affiche la grille.

a. Place les points suivants :
A(- 1, 3, 0) ; B(3, 1, - 2) ; C(1, - 1, - 4) ; D(1, 5, 2)

b. Construis E, milieu de [AB], et F, milieu de [CD]. Donne leurs coordonnées. Que remarques-tu ?

....

....

c. Construis G, milieu de [AD], et H, milieu de [BC]. Donne leurs coordonnées. Que dire alors du point E pour le segment [HG] ? Vérifie ta conjecture à l'aide du logiciel.

....

....

....

2 *Agrandissement de tétraèdre*

a. Effectue cette construction.

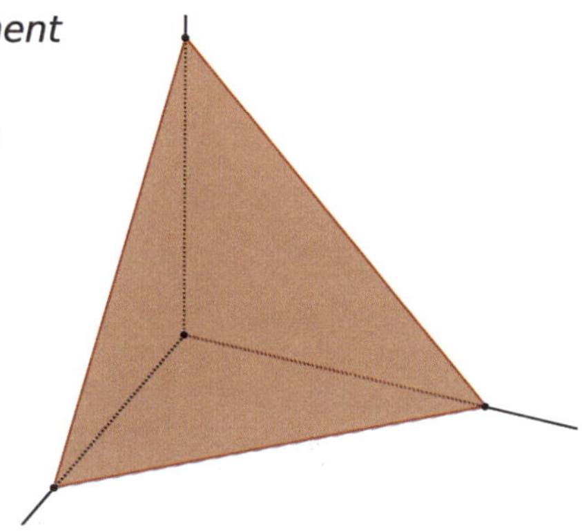

- Affiche la fenêtre *Graphique*.
- Crée un curseur n entier de 1 à 10, avec un incrément de 1.
- Dans la zone de saisie, entre les coordonnées de ces points pour les placer dans le repère :
  O=(0,0,0) ; A=(n,0,0) ; B=(0,n,0) ; C=(0,0,n).
- Construis le tétraèdre OABC à l'aide du bouton *Pyramide*. On s'intéresse à son volume.

b. Complète le tableau.

n	1	2	3	4	5
Volume					

n	6	7	8	9	10
Volume					

c. Est-ce un tableau de proportionnalité ?

....

....

....

3 On considère une coupe en forme de cône.

a. Effectue les constructions suivantes.

- Affiche la fenêtre *Graphique*.
- Trace le cercle de centre A(0, 0) passant par le point B(3, 0).
- Dans la fenêtre *Graphique 3D*, place le point C(0, 0, - 8).
- Construis le cône de base le cercle de centre A, de sommet C et de rayon [AB].
- Place un point D sur le segment [AC]. Trace le segment [CD].
- Construis le plan, passant par D, parallèle au plan du cercle.
- Construis l'intersection de ce plan et du cône. Place un point E sur ce cercle.
- Construis le cône de base le cercle de centre D, de sommet C et de rayon [DE].

b. Lorsque la coupe est à moitié pleine (en volume), quelle hauteur le liquide atteint-il ? Réponds avec une précision au dixième.

....

4 On considère une bouteille de parfum en forme de pyramide.

a. Effectue les constructions suivantes.

- Affiche la fenêtre *Graphique*.
- Construis le carré ABCD de centre O(0, 0) avec :
  A(- 3, 3) ; B(3, 3) ; C(3, - 3) et D(- 3, - 3).
- Dans la fenêtre *Graphique 3D*, place le point E(0, 0, 8).
- Construis la pyramide, de base le carré ABCD, et de sommet E.
- Place un point F sur le segment [OE]. Trace le segment [OF].
- Construis le plan, passant par F, parallèle au plan du carré.
- Construis l'intersection GHIJ de ce plan et de la pyramide.
- Construis la pyramide, de base le carré GHIJ, et de sommet E.
- Affiche le volume du solide ABCDGHIJ.

b. Lorsque la bouteille de parfum est remplie aux deux tiers (en volume), quelle hauteur le liquide atteint-il ? Réponds avec une précision au dixième.

....

Généralités sur les fonctions

D1

Fiche 1 : Définition, vocabulaire

1 Traduis chaque phrase par une égalité.

a. 4 a pour image 5 par la fonction f.
b. – 3 a pour image 0 par la fonction g.
c. L'image de 17,2 par la fonction h est – 17.
d. L'image de – 31,8 par la fonction k est – 3.
e. 4 a pour antécédent 5 par la fonction f.
f. – 3 a pour antécédent 0 par la fonction g.
g. Un antécédent de 7,2 par la fonction h est – 1.
h. Un antécédent de – 5 par la fonction k est – 8.

a. ....
b. ....
c. ....
d. ....
e. ....
f. ....
g. ....
h. ....

2 Voici un tableau de valeurs d'une fonction f.

x	– 3	– 1	0	2	4	5
$f(x)$	7	– 2	3	5	– 3	6

Quelle est l'image par la fonction f de...

a. 0 ? .... **b.** 5 ? .... **c.** – 3 ? ....

Donne un antécédent par la fonction f de...

d. 7 .... **e.** 5 .... **f.** – 3 ....

3 Voici des indications sur une fonction k.

- L'image de 2 par k est 5,5.
- $k : -10 \longmapsto -6$ et $k(-6) = 2$.
- Un antécédent de – 4 par k est 5,5.
- Les antécédents de 5,5 sont 2, – 4 et 125.

Complète le tableau grâce à ces indications.

x						
$k(x)$						

4 Voici un tableau de valeurs d'une fonction g.

x	– 2	– 1	0	1	2
$g(x)$	1	2	– 1	– 4	3

Complète avec « image » ou « antécédent ».

a. 1 est .... de – 2 par g.
b. 2 est .... de 3 par g.
c. – 4 est .... de 1 par g.
d. 2 est .... de – 1 par g.
e. 0 est .... de – 1 par g.
f. Combien d'image(s) a le nombre 1 par g ? ....

5 Voici un tableau de valeurs d'une fonction h.

x	– 3	– 2,5	– 2	– 1,5	– 1	– 0,5	0
$h(x)$	– 1,5	– 2	1,4	– 1,8	– 1,5	0,25	2

Complète chacune des égalités suivantes.

a. $h(-2,5) =$ ....
b. $h($..........$) = -1,8$
c. $h(0) =$ ....
d. $h($..........$) = -1,5$
e. $h(-0,5) =$ ....
f. $h($..........$) = 1,4$

6 Complète ce tableau de données et les phrases concernant une fonction p.

x		4	– 2	12	7		– 10
$p(x)$	4			– 17	2		12

a. – 8 est l'image de 4 par la fonction p.
b. Un antécédent de 4 par la fonction p est – 3.
c. – 8 a pour antécédent 15 par la fonction p.
d. $p(-2) = 7$ et $p(7) =$ ....
e. 12 a pour image .... par la fonction p.
f. L'image de .... par la fonction p est 12.

FICHE 2 : IMAGE, ANTÉCÉDENT(S) (1)

1 On considère la fonction f qui, à tout nombre, associe son carré. Calcule.

a. $f(2)$ = ...

b. $f(-3)$ = ...

c. $f(1,2)$ = ...

d. $f(-3,6)$ = ...

e. Donne un antécédent de 4 par f : ....

f. Donne un antécédent de 5 par f : ....

2 On considère la fonction h définie par :

$$h : x \longmapsto -2x + 5.$$

a. Complète le tableau.

x	2,3	2,4	2,5	2,6	2,7	2,8
$h(x)$						

b. Donne un antécédent de 0 par h : ....

3 Soit la fonction k qui, à tout nombre x, associe le nombre $6x^2 - 7x - 3$. Calcule.

a. $k(0)$ = ...

c. $k(-1)$ = ...

b. $k\left(\frac{3}{2}\right)$

d. $k\left(-\frac{1}{3}\right)$

b. Déduis-en des antécédents de 0 : ....

4 On appelle h la fonction qui, à un nombre, associe le résultat obtenu avec le programme de calcul suivant.

- Choisir un nombre.
- Lui ajouter -5.
- Calculer le carré de la somme obtenue.

a. Complète le tableau de valeurs suivant.

x	-3	-2	0	2	5	π
$h(x)$						

b. Quelle est l'image de 0 par h ? ....

c. Donne un antécédent de 0 par h : ....

5 On considère la fonction f définie par :

$$f : x \longmapsto \frac{x+2}{x-1}.$$

a. Pour quelle valeur de x cette fonction n'est-elle pas définie ? Justifie.

Calcule.

b. $f(-2)$ = ...

c. $f(-1)$ = ...

d. $f(-0,5)$ = ...

e. $f(0)$ = ...

f. $f(2)$ = ...

g. $f(4)$ = ...

Déduis-en un antécédent par f du nombre...

h. -2 : ....

i. -1 : ....

j. $-0,5$: ....

k. 0 : ....

l. 2 : ....

m. 4 : ....

6 On considère un rectangle ABCD tel que AB = 16 cm et AD = 6 cm. On place un point M sur le segment [DC]. Fais une figure à main levée.

a. Exprime l'aire de AMCB en fonction de MC.

b. On pose MC = x. Donne un encadrement des valeurs possibles de x puis indique une expression de la fonction f qui, à x, associe l'aire de AMCB.

c. Calcule, en utilisant la fonction f, l'aire du trapèze AMCB si MC = 7.

FICHE 3 : IMAGE, ANTÉCÉDENT(S) (2)

1 *Dégagement d'un gardien de but*

Soit t le temps écoulé en secondes depuis le tir, et $h(t)$ la hauteur en mètres du ballon au-dessus du sol.

La fonction h est définie par : $x \longmapsto -5x^2 + 20x$.

a. À quelle hauteur se trouvera le ballon au bout d'une seconde ? Et au bout de deux secondes ?

h(1) = 15 h(2) = 20 Au bout d'une seconde, il se trouvera à 15 mètre et au bout de 2 à 20 mètres

b. Calcule $h(4)$. Déduis-en un encadrement des valeurs possibles de t.

h(4) = 0 Les valeurs possible de t sont compris entre 0 1 et 4.

c. Complète le tableau de valeurs suivant.

t	0	1	1,5	2	2,5	3	4
$h(t)$	0	15	18,75	20	18,75	15	0

d. Au bout de combien de temps le ballon semble-t-il avoir atteint sa hauteur maximale ?

Au bout de 2 secondes.

2 On considère ce programme de calcul.

- Choisir un nombre.
- Lui ajouter 5.
- Multiplier cette somme par 3.
- Soustraire 6 à ce produit.

a. Teste ce programme avec le nombre 2.

3(2+5) − 6 = 15

b. En notant x le nombre choisi au départ, détermine la fonction g qui associe à x le résultat obtenu avec le programme.

g(x) ↦ (x+5) × 3 − 6

c. Détermine $g(0)$.

g(0) = 9

d. Quel nombre faut-il choisir pour obtenir 18 ?

(x+5) × 3 − 6 = 18

3x + 15 − 6 = 18

3x + 15 = 24

3x = 9

x = 3 Il faut choisir 3.

3 Soit f la fonction définie par $f(x) = -2x^2 + 8$.

Détermine les images de...

a. 3 **b.** − 8 **c.** 2,5 **d.** − 0,1 **e.** $\frac{4}{5}$ **f.** $\sqrt{5}$

a. ....

b. ....

c. ....

d. ....

e. ....

f. ....

Quelles assertions ci-dessous sont vraies ? Justifie chaque réponse par un calcul.

g. $f(-1) = 10$

h. $f(0) = 6$

i. $f : 9 \longmapsto -154$

j. $f(5) = -42$

g. ....

h. ....

i. ....

j. ....

k. Détermine le (ou les) antécédent(s) éventuel(s) de 0 par f.

l. Détermine le (ou les) antécédent(s) éventuel(s) de 8 par f.

m. Détermine le (ou les) nombre(s) éventuel(s) qui ont pour image 16 par f.

Fiche 4 : Représentation graphique (1)

1 Ce graphique représente une fonction f.

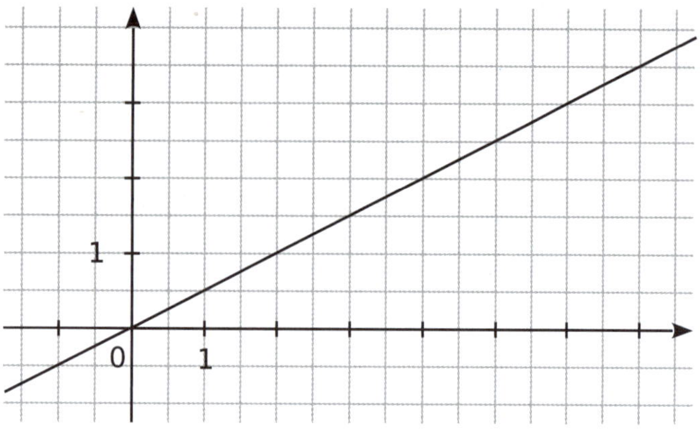

a. Place le point A de la courbe d'abscisse 4.

b. Quelle est l'ordonnée de A ? ....

c. Place le point B de la courbe d'abscisse 7.

d. Quelle est l'ordonnée de B ? ....

e. Place le point C de la courbe d'ordonnée 1.

f. Quelle est l'abscisse de C ? ....

g. Place le point D de la courbe d'ordonnée 2,5.

h. Quelle est l'abscisse de D ? ....

2 Ce graphique représente une fonction g, pour x compris entre - 5 et 12.

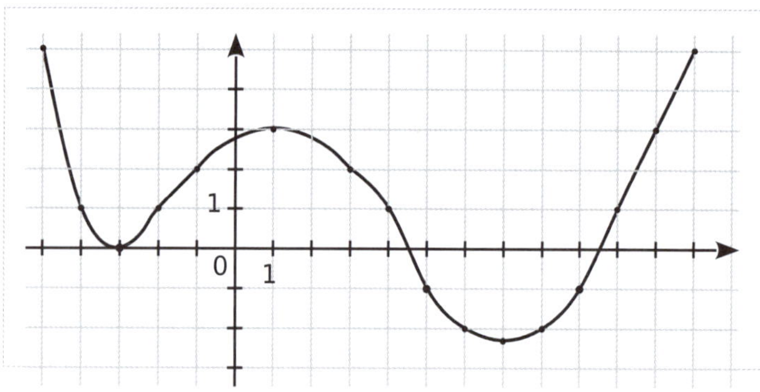

a. Place le point E de la courbe d'abscisse 1.

b. Quelle est l'ordonnée de E ? ....

c. Place le point F de la courbe d'abscisse 8.

d. Quelle est l'ordonnée de F ? ....

e. Place, sur la courbe, les points G_1, G_2, G_3... qui ont pour ordonnée 1.

f. Donne les coordonnées de chacun de ces points.

....

g. Combien de points ont pour ordonnée - 2 ? Écris les coordonnées de ces points.

....

....

3 Reprends la représentation graphique de l'exercice **2** et complète ce tableau de valeurs.

x	- 5	- 4	- 3	- 2	- 1	1	3
$g(x)$							

x	4	5	6	8	9	10	12
$g(x)$							

4 Le graphique suivant représente une fonction k, pour x compris entre 0 et 16. Complète les phrases et réponds aux questions.

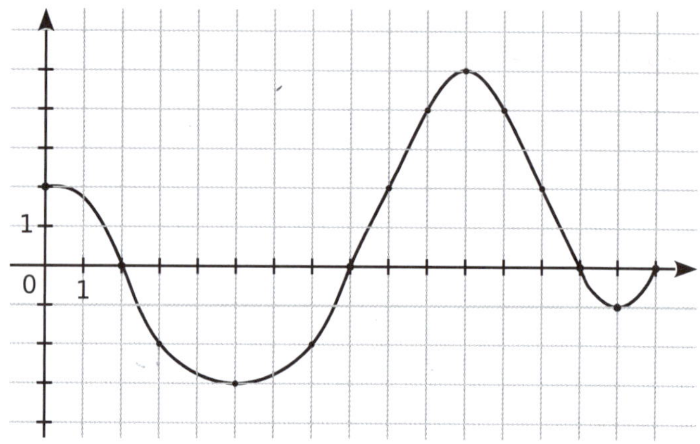

a. L'image de 5 par la fonction k est ....

b. L'image de 8 par la fonction k est ....

c. Quels sont les antécédents de 2 par k ?

....

d. Quels nombres ont pour image - 2 par k ?

....

e. Quels sont les antécédents de 0 par k ?

....

f. Quels nombres entiers ont deux antécédents ?

....

g. Quels nombres ont un unique antécédent ?

....

5 Reprends la représentation graphique de l'exercice **4** et complète ce tableau de valeurs.

x	0	2	3		7	8	9
$k(x)$				- 3			

x	10		12	13	14	15	16
$k(x)$		5					

Fiche 5 : Représentation graphique (2)

1 Ce graphique représente une fonction h.

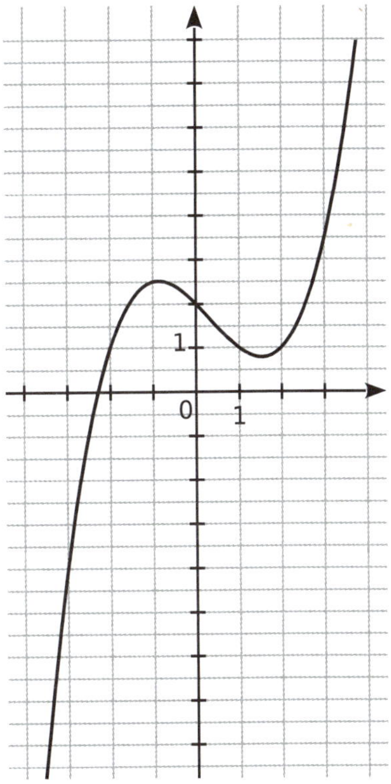

Complète.

a. $h(-2) =$ ....

b. $h(-1) =$ ....

c. $h($..........$) = -4$

d. $h(0) =$ ....

e. $h(1) =$ ....

f. $h(2) =$ ....

g. $h($.......$) = 3{,}5$

h. Quels sont les antécédents de 1 par h ?

....

....

2 Ce graphique représente la courbe d'une fonction g.

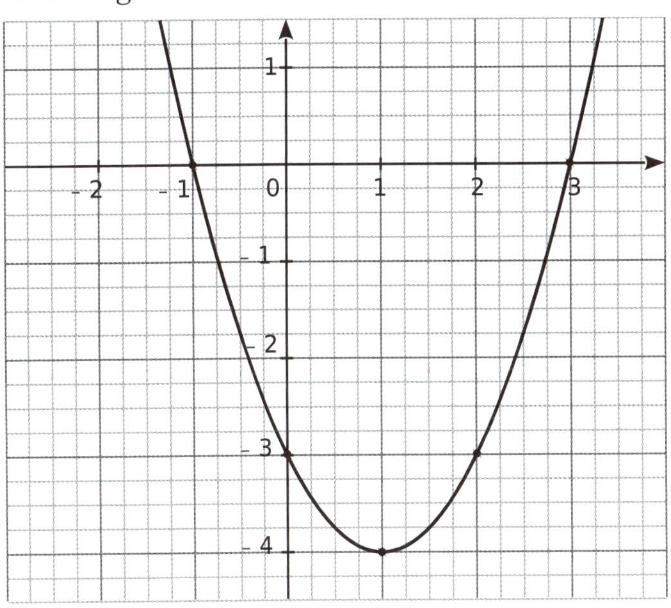

Par lecture graphique, complète les phrases. (Tu feras apparaitre sur le graphique les tracés nécessaires pour la lecture.)

a. L'image de 1 par la fonction g est ....

b. Les antécédents de 0 par la fonction g sont

....

c. $g(2) =$ ....

d. Les nombres qui ont pour image – 3 par la fonction g sont ....

3 Voici un extrait du carnet de santé donné à chaque enfant. (*source :* www.sante.gouv.fr)

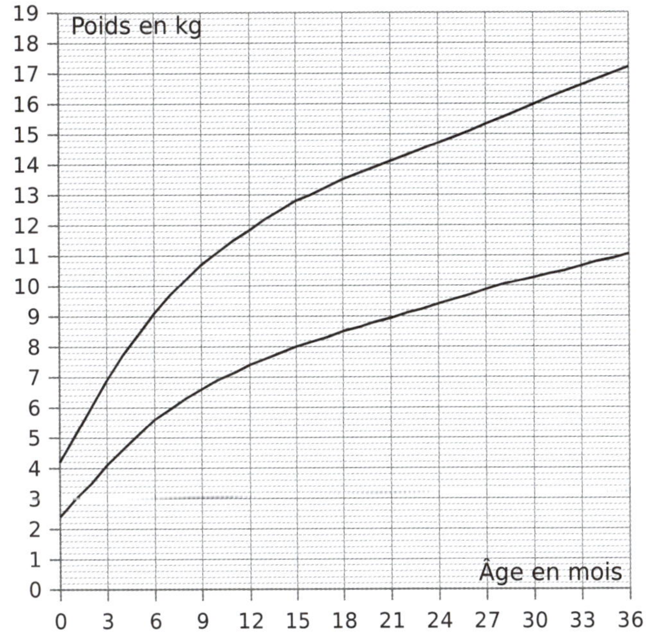

Les deux courbes indiquent les limites basses et hautes de l'évolution du poids d'un enfant : sa courbe de poids doit à priori se situer entre ces deux courbes.

On considère la fonction f qui, à un âge en mois, associe le poids minimum en kg et la fonction g qui, à un âge en mois, associe le poids maximum en kg.

a. Complète le tableau suivant par des valeurs approchées lues sur le graphique.

x	3	12		24		33
$f(x)$			8			
$g(x)$					16	

b. Interprète la colonne $x = 12$.

....

....

....

c. Voici ce que le père d'Ahmed, matheux, a noté pour son fils, sachant que p est la fonction qui, à l'âge d'Ahmed en mois, associe son poids en kg.

x	0	3	6	9	12	18	24	30	36
$p(x)$	3,4	6	7,4	8,4	9	9,6	10	10,8	12

Reporte les données de ce tableau sur le graphique. Commente ce que tu obtiens.

....

....

FICHE 6 : RÉSOLUTION DE PROBLÈMES

1 On considère la fonction f définie par $f(x) = x^2 - 2x - 1$, pour x compris entre - 1 et 4.

a. Complète le tableau de valeurs de la fonction f.

x	- 1	0	1	2	3	4
$f(x)$						

b. Donne les coordonnées des six points A, B, C, D, E et F, appartenant au graphique de f, d'abscisses respectives - 1, 0, 1, 2, 3 et 4.

....

....

....

c. Place ces points dans le repère ci-dessous et trace une ébauche de courbe au crayon gris.

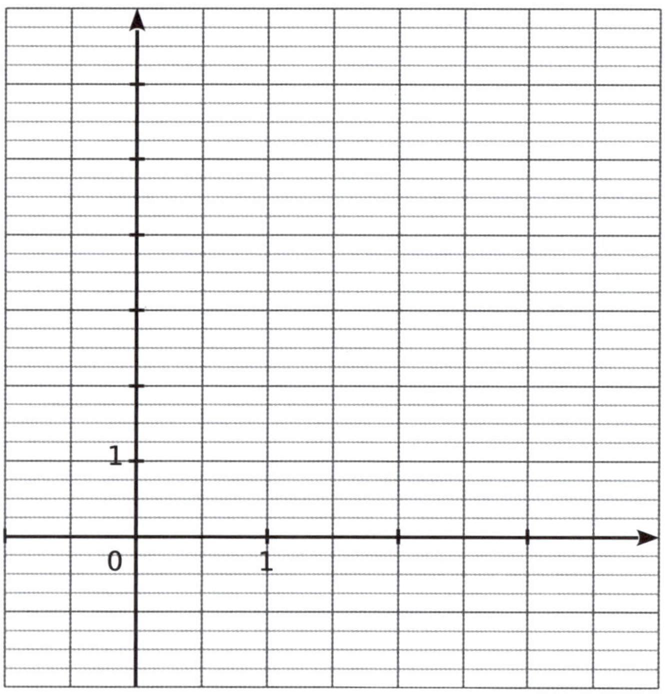

d. Pour être plus précis dans le tracé, on détermine d'autres points appartenant à cette courbe. Complète le tableau de valeurs de la fonction f.

x	- 0,5	0,5	1,5	2,5	3,5
$f(x)$					

e. Donne les coordonnées des cinq points G, H, I, J et K, appartenant au graphique de f, d'abscisses respectives - 0,5 ; 0,5 ; 1,5 ; 2,5 et 3,5.

....

....

....

f. Relie ensuite harmonieusement tous ces points.

2 Ce graphique représente la fonction f qui, à un angle aigu, associe le cosinus de cet angle.

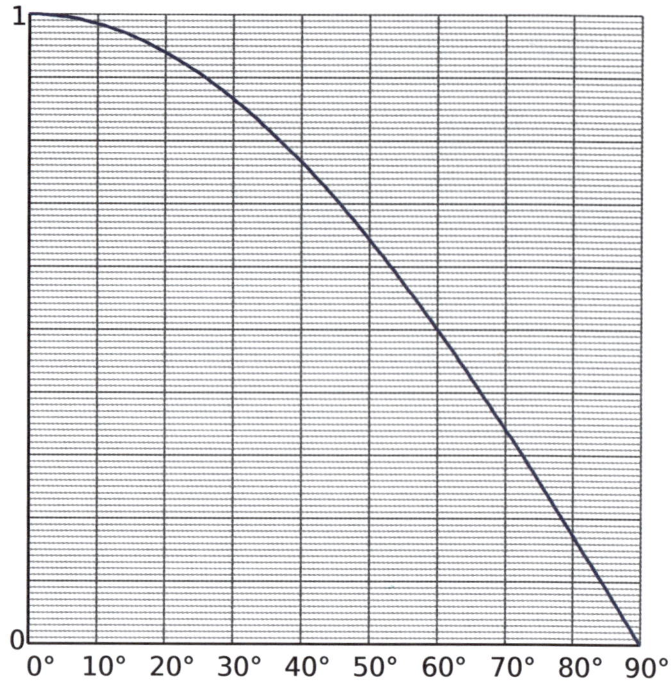

a. Lis $f(0)$ et $f(90)$. Déduis-en cos 0° et cos 90°.

....

b. Quel angle a pour cosinus 0,5 ?

....

c. Complète le tableau de valeurs suivant, en arrondissant au centième.

x en °	0	10	20	30	40
sin(x)					

x en °	50	60	70	80	90
sin(x)					

d. On appelle g la fonction qui, à un angle aigu, associe le sinus de cet angle. Construis le graphique de cette fonction dans le même repère que f.

e. Quelle est la valeur de l'angle pour laquelle le sinus et le cosinus sont égaux ?

....

f. Résous graphiquement $f(x) > g(x)$ pour $0 \leqslant x \leqslant 90$. Que signifie ce résultat ?

....

....

....

....

Fiche 7 : Synthèse (1)

1 Soit f la fonction définie par $f(x) = \dfrac{4}{1 + x^2}$ pour x compris entre − 4 et 4.

a. Détermine l'image de $\dfrac{3}{4}$ par la fonction f. Tu donneras le résultat sous forme d'un décimal.

$f\left(\frac{3}{4}\right) = \dfrac{4}{1+\left(\frac{3}{4}\right)^2} = \dfrac{4}{1+\frac{9}{16}} = 2,56$
L'image de $\frac{3}{4}$ par la fonction f est 2,56

b. Calcule $f\left(\dfrac{2}{3}\right)$. Tu donneras le résultat sous forme d'une fraction irréductible.

$f\left(\frac{2}{3}\right) = 4 \div \left(1+\left(\frac{2}{3}\right)^2\right) = \dfrac{36}{13}$

c. Quelle est l'ordonnée du point A, d'abscisse 3, appartenant à la courbe de la fonction f.

$f(3) = \dfrac{4}{1+3^2} = \dfrac{4}{10} = 0,4$

d. Montre qu'un antécédent de 3,2 est $\dfrac{1}{2}$.

$f\left(\frac{1}{2}\right) = \dfrac{4}{1+\left(\frac{1}{2}\right)^2} = 2, \ldots = \dfrac{3}{2}$

Voici le graphique de la fonction f.

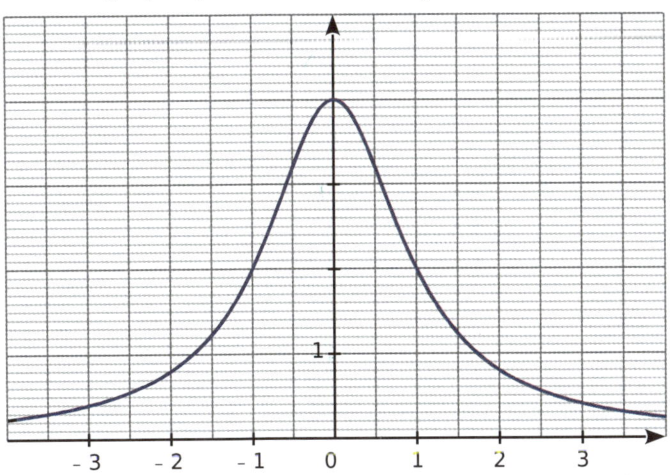

e. Détermine graphiquement $f(0)$, $f(2)$ et $f(-2)$.

$f(0) = 4$, $f(2) = 0,8$, $f(-2) = 0,8$

f. Détermine graphiquement les antécédents de 2.

Les antécédents de 2 sont −1 et 1

2 t minutes après le départ, la vitesse d'un train en km/h vaut $3t^2$, pour $0 \leqslant t \leqslant 10$.
On appelle v la fonction qui, au temps écoulé depuis le départ, exprimé en minutes, associe la vitesse du train, en km/h.

a. Calcule $v(5)$.
Donne une interprétation du résultat.

b. Quel est l'antécédent de 168,75 par v ?
Donne une interprétation du résultat.

Le graphique ci-dessous représente l'évolution de la vitesse, en km/h, du train en fonction du temps écoulé, en minutes, depuis son départ.

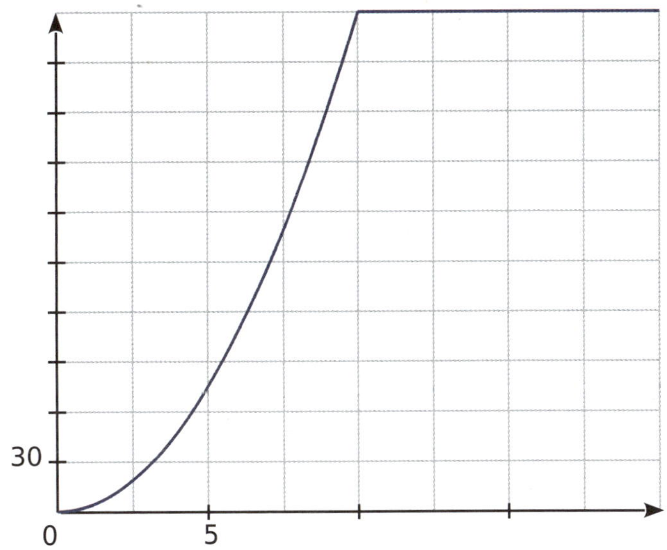

c. Combien de temps, environ, met le train pour atteindre 120 km/h ?

d. Quelle est la vitesse maximale du train ?
Au bout de combien de temps est-elle atteinte ?

e. Précise une expression de la fonction v pour $0 \leqslant x \leqslant 20$.

Fiche 8 : Synthèse (2)

En Nouvelle-Calédonie

Fanny et Franck vont à Koumac. Franck part de Nouméa et Fanny part de Tontouta.
Les communes de Nouméa, Tontouta, La Foa et Koumac sont situées dans cet ordre, sur une même route, la RT1, comme le représente le schéma ci-dessous qui n'est pas à l'échelle.

Le tableau suivant indique la distance de Nouméa à ces villes, en kilomètres.

Commune	Tontouta	La Foa	Koumac
Distance de Nouméa en kilomètres	50	110	365

Source : *Country guide "Le petit futé"*

Fanny et Franck partent en même temps.
Ils font une pause au bout de deux heures de trajet comme le recommande la sécurité routière : « *Toutes les deux heures, la pause s'impose !* »

Partie 1 :
Trajet de Fanny et Franck avant leur pause

Fanny roule à la vitesse moyenne de 70 km/h.
Franck roule à la vitesse moyenne de 85 km/h.
Après avoir roulé une heure, Fanny est à 70 km de Tontouta sur la RT1 direction Koumac, et Franck est à 85 km de Nouméa sur la RT1 direction Koumac.

a. Explique pourquoi, au bout d'une heure, Fanny est à 120 km de Nouméa.

b. À combien de kilomètres de Nouméa se trouve Fanny, au bout de deux heures de trajet ?

c. Au bout de combien de temps Franck se trouve-t-il à La Foa ? Exprime la durée, en heures, arrondie au dixième.

d. On note x la durée du voyage exprimée en heures (avant la pause : $0 \leqslant x \leqslant 2$). On note $f(x)$ la distance qui sépare Fanny de Nouméa, et $g(x)$ celle qui sépare Franck de Nouméa.
Exprime $f(x)$ puis $g(x)$ en fonction de x.

Partie 2 :
Interprétation du graphique donné ci-dessous

Par simple lecture du graphique, réponds aux questions suivantes.

e. Quel tracé (T_1 ou T_2) correspond au trajet de Fanny ? Au trajet de Franck ? Justifie.

f. Combien de temps dure la pause de Fanny et Franck ?

g. Au bout de combien de temps Franck rattrape-t-il Fanny ?

h. À combien de kilomètres de Nouméa se trouvent-ils à ce moment-là ?

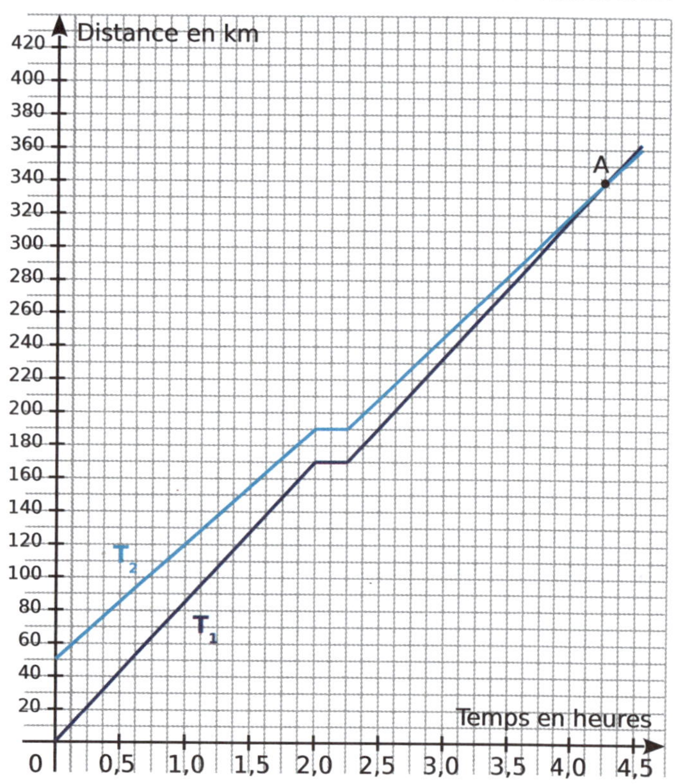

FICHE 9 : SYNTHÈSE (3)

Histoire de poules

Un agriculteur souhaite réaliser un enclos rectangulaire contre un mur pour ses poules. Il dispose de 21 m de grillage et doit tout utiliser.

On cherche à déterminer les dimensions de l'enclos afin que son aire soit maximale. Soit l la largeur de l'enclos et x sa profondeur, en mètres.

a. Quelle est l'aire de l'enclos si $x = 3$ m ?

b. Quelles sont les valeurs possibles de x ?

c. On note $\mathscr{A}$ la fonction qui, à x, associe l'aire de l'enclos correspondant. Détermine $\mathscr{A}$.

d. Avec l'aide de ta calculatrice ou d'un tableur, complète le tableau de valeurs de la fonction $\mathscr{A}$.

x	0	1	2	3	4	5
$\mathscr{A}(x)$						

x	6	7	8	9	10	10,5
$\mathscr{A}(x)$						

e. À l'aide du tableau, décris l'évolution de $\mathscr{A}(x)$ en fonction de x, et donne un encadrement du nombre x pour lequel $\mathscr{A}(x)$ semble maximal.

f. Construis la courbe représentative de $\mathscr{A}$.

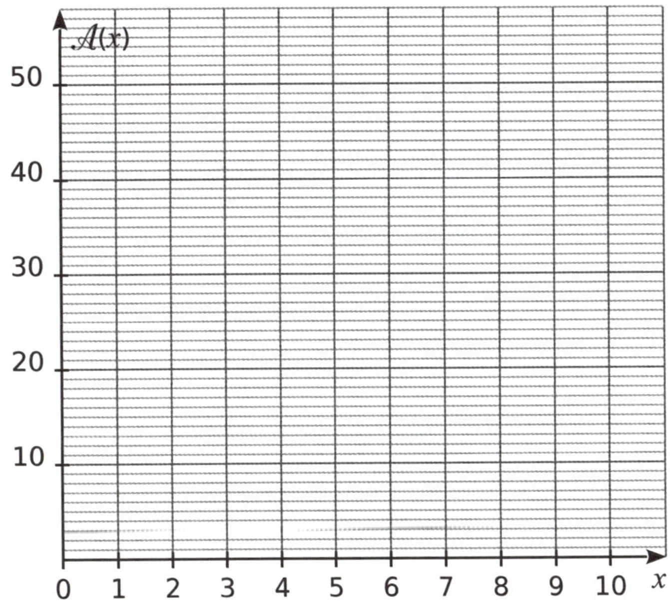

g. Complète ce nouveau tableau de valeurs, puis donne un encadrement au dixième du nombre x pour lequel $\mathscr{A}(x)$ semble maximal.

x	4,8	4,9	5	5,1	5,2	5,3	5,4
$\mathscr{A}(x)$							

h. Calcule : $\mathscr{A}(5{,}25) - \mathscr{A}(x)$. Puis montre que cette expression est égale à $2(x - 5{,}25)^2$.

i. Détermine le signe de cette expression et déduis-en la valeur du nombre x pour laquelle $\mathscr{A}(x)$ est maximal.

j. Déduis-en les dimensions de l'enclos d'aire maximale.

Fiche 10 : Activités numériques (1)

1 **Tableur** On a utilisé un tableur pour calculer les images de différentes valeurs de x par une fonction affine f et par une autre fonction g. Une copie de l'écran obtenu est donnée ci-dessous.

C2 | =-5*C1+7

	A	B	C	D	E	F	G	H
1	x	-3	-2	-1	0	1	2	3
2	$f(x)$	22	17	12	7	2	-3	-8
3	$g(x)$	13	8	5	4	5	8	13
4								

a. Quelle est l'image de – 3 par f ?

....

b. Calcule $f(7)$.

....

....

....

c. Donne l'expression de $f(x)$.

....

d. On sait que $g(x) = x^2 + 4$. Une formule a été saisie dans la cellule B3 et recopiée ensuite vers la droite pour compléter la plage de cellules C3:H3.

Quelle est cette formule ?

....

2 **Tableur** Un éleveur a acheté 40 m de grillage ; il veut adosser un enclos rectangulaire à sa grange, contre un mur de 28 m de long. Il souhaite offrir ainsi le maximum de place à ses brebis en utilisant tout le grillage.

a. Pour $x = 4$ m, calcule la longueur y, puis l'aire S de l'enclos en m^2.

....

....

....

b. Complète le tableau.

x (en m)	4	10	20	28
y (en m)				
S (en m^2)				

c. Détermine y en fonction de x.
Déduis-en que $S = 20x - 0{,}5x^2$.

....

....

d. Voici la plage de cellules, réalisée dans un tableur-grapheur, qui permettra de calculer la valeur de S.
Quelle formule doit-on saisir dans la cellule B2 et qui pourra être étendue sur toute la colonne B ?

....

	A	B
1	Valeur de x	Valeur de S
2	4	
3	6	
4	8	
5	10	
6	12	
7	14	
8	16	
9	18	
10	20	
11	22	
12	24	
13	26	
14	28	

FICHE 11 : ACTIVITÉS NUMÉRIQUES (2)

1 **Tableur** La copie d'écran ci-dessous montre le travail qu'a effectué Camille, à l'aide d'un tableur, à propos des fonctions g et h définies par : $g(x) = 5x^2 + x - 7$ et $h(x) = 2x - 7$.

Elle a recopié vers la droite les formules qu'elle avait saisies dans les cellules B2 et B3.

B2 | =5*B1*B1+B1-7

	A	B	C	D	E	F
1	x	-2	-1	0	1	2
2	$g(x)=5x^2+x-7$	11	-3	-7	-1	15
3	$h(x)=2x-7$	-11	-9	-7	-5	-3

a. Donne un nombre qui a pour image – 1 par la fonction g.

....

b. Écris les calculs montrant que : $g(-2) = 11$.

....

....

....

c. Quelle formule Camille a-t-elle saisie dans la cellule B3 ?

....

d. Déduis du tableau une solution de l'équation $5x^2 + x - 7 = 2x - 7$.

....

e. Cette équation a-t-elle une autre solution que celle trouvée grâce au tableur ?

....

....

....

....

....

2 **Tableur** On considère le rectangle ABCD ci-dessous tel que son périmètre soit égal à 32 cm.

a. Si un tel rectangle a pour longueur 10 cm, quelle est sa largeur ?

....

b. On appelle x la longueur AB. En utilisant le fait que le périmètre de ABCD est de 32 cm, exprime la longueur BC en fonction de x.

....

c. Déduis-en l'aire du rectangle ABCD en fonction de x.

....

d. Dans un tableur, recopie la feuille de calcul suivante.

	A	B	C	D	E	F	G	H	I	J	K	L	M	N	O	P	Q	R
1	x	0	1	2	3	4	5	6	7	8	9	10	11	12	13	14	15	16
2	Aire de ABCD																	

e. Programme la cellule B2 pour qu'elle calcule l'aire du rectangle ABCD. Étire cette formule vers la droite, puis complète le tableau ci-dessus.

f. Sélectionne la plage de cellules B1 à R2, puis l'icône *Diagramme*. Sélectionne ensuite : *Ligne* ; *Points et lignes* ; *Séries de données en ligne* et *Première ligne comme étiquette*. Saisis pour l'axe X : *Valeur de x* et pour l'axe Y : *Aire de ABCD*.

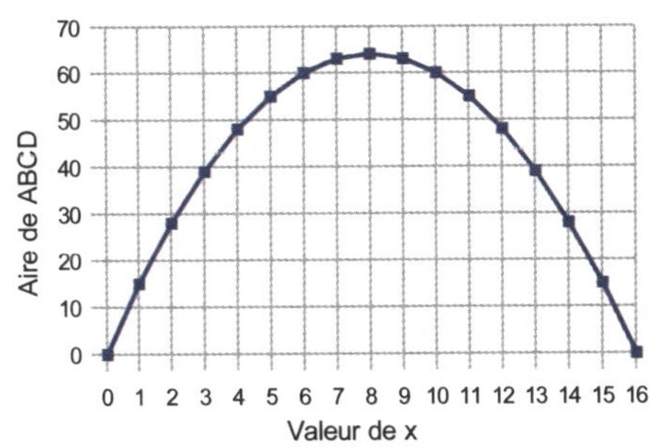

g. Quelle est l'aire maximale de ce rectangle ? ....

Pour quelle valeur de x est-elle obtenue ? ....

h. Que peut-on dire du rectangle ABCD lorsque AB vaut 8 cm ? ....

D2 Fonctions linéaires et affines

Fiche 1 : Fonctions affines, fonctions linéaires

1 Complète le tableau ci-dessous, en indiquant les fonctions linéaires et leur coefficient.

$f : x \longmapsto 6x - 1$

$g : x \longmapsto \frac{x}{5}$

$h : x \longmapsto \frac{5}{x}$

$j : x \longmapsto -3x^2$

$k : x \longmapsto -\frac{2}{7}x$

$l : x \longmapsto 5x - 3{,}2x$

$m : x \longmapsto -3(x - 2)$

$n : x \longmapsto 3(1 - x) - 3$

Fonction linéaire					
Coefficient					

2 f est une fonction linéaire de coefficient − 5.

a. Complète le tableau de valeurs suivant.

x	− 3	− 0,5			5		10
$f(x)$			0,5	0		− 18	

b. Que peux-tu dire de ce tableau ? Justifie.

....

....

....

3 On considère la fonction $g : x \longmapsto 9x$.

a. Complète.

$g(5)$ = ...

$g(-5)$ = ...

b. Quelle est l'image de 7 ? ....

c. Quelle est l'image de − 3 ? ....

d. Quel est l'antécédent de 54 ?

....

e. Quel est l'antécédent de − 4,5 ?

....

4 On considère la fonction $h : x \longmapsto -2{,}4x$.

a. Complète.

$h(5)$ ....

$h(-5)$ ....

b. Quelle est l'image de 7 ? ....

c. Quelle est l'image de − 3 ? ....

d. Quel est l'antécédent de 24 ?

....

e. Quel est l'antécédent de − 0,6 ?

....

5 j est une fonction linéaire telle que $j(4) = 3$.

a. Est-il possible que $j(-8) = -5$? Justifie.

....

....

b. Sans déterminer le coefficient de j, calcule.

- $j(24)$ = ...
- $j(-2)$ = ...

c. Quel est le coefficient de j ?

....

....

6 k est une fonction linéaire telle que $k(7) = -2$.

a. Sans déterminer le coefficient de k, calcule.

- $k(21)$ ....
- $k(-3{,}5)$ ....

b. Quel est le coefficient de k ?

....

....

FICHE 2 : IMAGE, ANTÉCÉDENT(S)

1 Parmi les fonctions suivantes, détermine...

$f : x \longmapsto 4x - 3$

$g : x \longmapsto 5 - 2x$

$h : x \longmapsto 4{,}5x$

$j : x \longmapsto 3x^2 + 5$

$k : x \longmapsto -4$

$l : x \longmapsto \dfrac{1}{x}$

a. celles qui sont affines : ....

b. celles qui sont linéaires : ....

c. celles qui sont constantes : ....

d. celles qui ne sont pas affines : ....

2 Dans chacun des cas ci-dessous, indique si la fonction est affine et justifie.

a. La fonction qui, à un nombre, associe le résultat du programme de calcul suivant.

- Choisir un nombre.
- Lui ajouter 1.
- Multiplier le tout par 3.
- Annoncer le résultat.

....

....

....

....

b. La fonction par laquelle la longueur du rayon d'un cercle a pour image le périmètre de ce cercle.

....

....

....

c. La fonction qui, à la longueur du rayon d'un disque, associe l'aire de ce disque.

....

....

....

3 g est la fonction définie par $g(x) = 2x - 5$.

a. Complète le tableau de valeurs.

x	- 5,5	- 3		0		15	
$g(x)$			0		5		2,4

b. Est-ce un tableau de proportionnalité ? Justifie.

....

....

4 On considère la fonction $f : x \longmapsto -3x + 7$.

a. Calcule $f(8)$.

....

b. Calcule l'image de 0.

....

c. Calcule l'antécédent de 2.

....

....

....

5 Une agence de location de voitures propose le tarif suivant : un forfait de 100 € auquel s'ajoute 0,70 € par kilomètre parcouru.

a. Calcule le prix à payer pour 540 km parcourus.

....

....

b. Avec un budget de 275 €, combien de kilomètres peut-on parcourir ?

....

....

....

c. On considère la fonction f qui, au nombre de kilomètres parcourus d, associe le prix à payer. Donne une expression de f ainsi que sa nature.

....

d. Traduis les réponses des questions **a** et **b** en utilisant la fonction f.

....

6 Soit h la fonction affine qui, à un nombre x, associe le nombre $7x + 3$.

a. Calcule les rapports suivants.

$\dfrac{h(3) - h(2)}{3 - 2} =$ ....

$\dfrac{h(5) - h(-1)}{5 - (-1)} =$ ....

$\dfrac{h(-3) - h(4)}{-3 - 4} =$ ....

b. Que remarques-tu ?

....

....

FICHE 3 : DÉTERMINER UNE FONCTION AFFINE GRAPHIQUEMENT

1 Les droites (d_1), (d_2), (d_3) et (d_4) sont les représentations graphiques respectives de quatre fonctions linéaires f_1, f_2, f_3 et f_4.

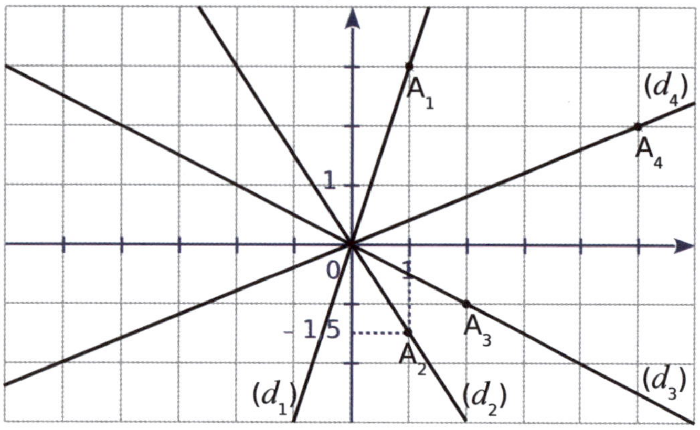

a. Quelles sont les coordonnées de A_1, A_2, A_3 et A_4 ?

....

....

b. Déduis-en quatre égalités avec f_1, f_2, f_3 et f_4.

....

....

c. Déduis-en le coefficient de f_1, f_2, f_3 et f_4.

Fonction	f_1	f_2	f_3	f_4
Coefficient				

d. Déduis-en l'expression de chaque fonction.

....

....

2 Les droites (d_1), (d_2) et (d_3) sont les représentations graphiques respectives de trois fonctions affines f_1, f_2 et f_3.

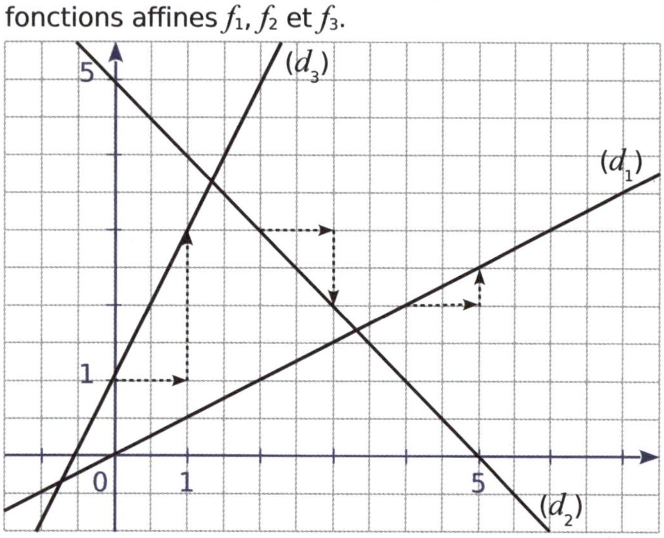

a. Indique la (les) fonction(s) qui ont un coefficient négatif.

....

b. Indique ci-dessous le coefficient de chaque fonction.

Fonction	f_1	f_2	f_3
Coefficient			

c. Indique ci-dessous l'ordonnée à l'origine de chaque droite.

Droite	(d_1)	(d_2)	(d_3)
Ordonnée à l'origine			

d. Déduis-en l'expression de chaque fonction.

....

....

....

3 Par lecture graphique, indique pour chaque fonction affine quelle droite est sa représentation graphique.

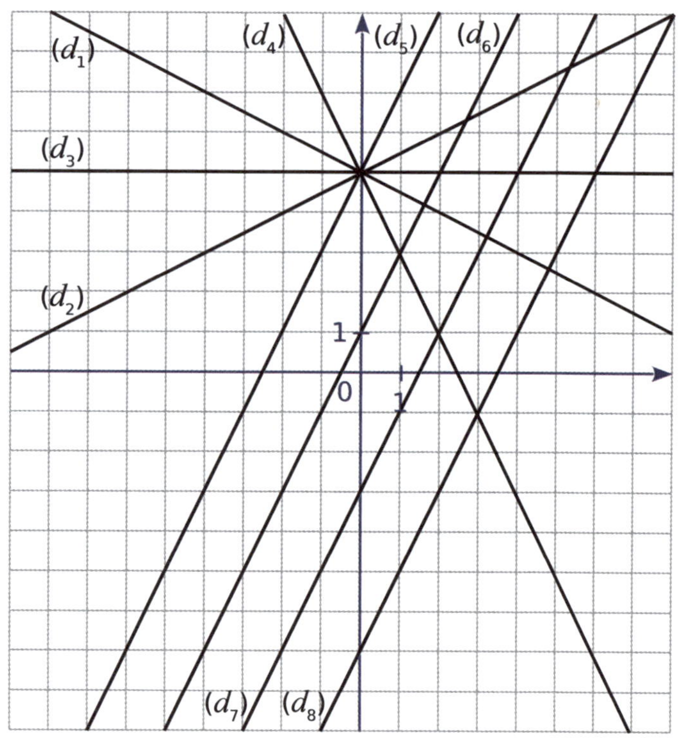

Fonction	Droite
$x \longmapsto 2x + 1$	$(d_{....})$
$x \longmapsto \frac{1}{2}x + 5$	$(d_{....})$
$x \longmapsto -2x + 5$	$(d_{....})$
$x \longmapsto 5$	$(d_{....})$

Fonction	Droite
$x \longmapsto 2x - 3$	$(d_{....})$
$x \longmapsto 2x - 7$	$(d_{....})$
$x \longmapsto -\frac{1}{2}x + 5$	$(d_{....})$
$x \longmapsto 2x + 5$	$(d_{....})$

FICHE 4 : DÉTERMINER UNE FONCTION AFFINE PAR LE CALCUL

1 Soient les fonctions $f : x \longmapsto 4x$ et $g : x \longmapsto -4x$.

a. Quelle est la nature de leur représentation graphique ? Justifie.

....

....

b. Calcule les coordonnées des points F et G d'abscisse 1 de la courbe de f puis de celle de g.

....

c. Trace la courbe de f.

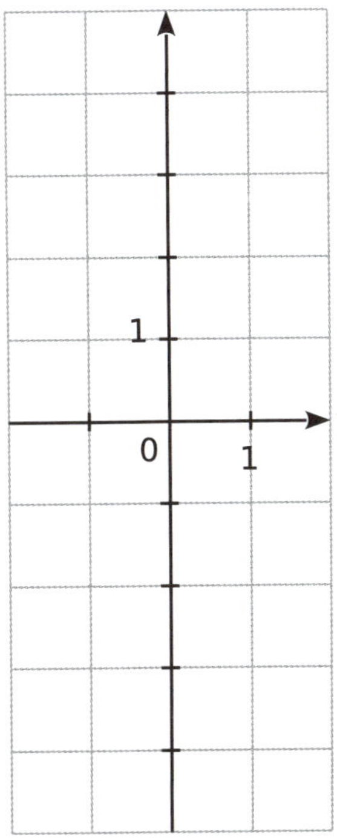

d. Trace la courbe de g.

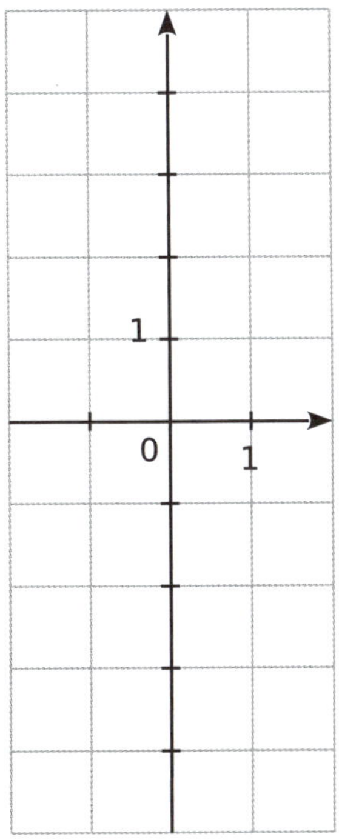

2 Trace la représentation graphique de chaque fonction dans le repère correspondant.

$f_1(x) = 2x$

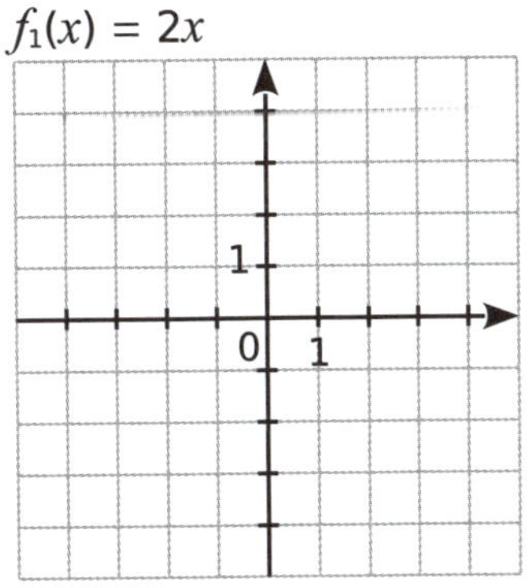

$f_2(x) = -3x$

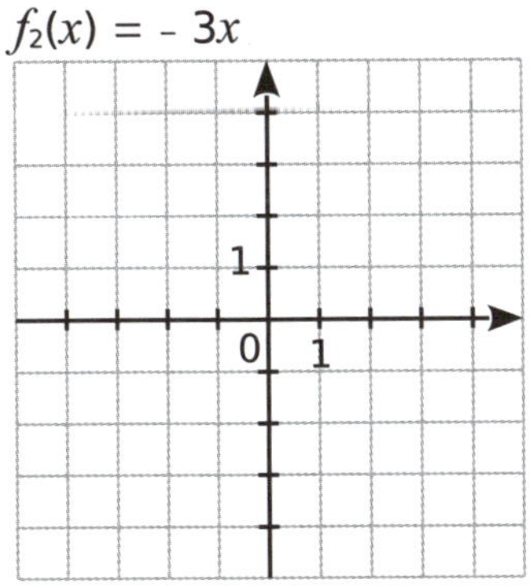

$f_3(x) = -1{,}5x$

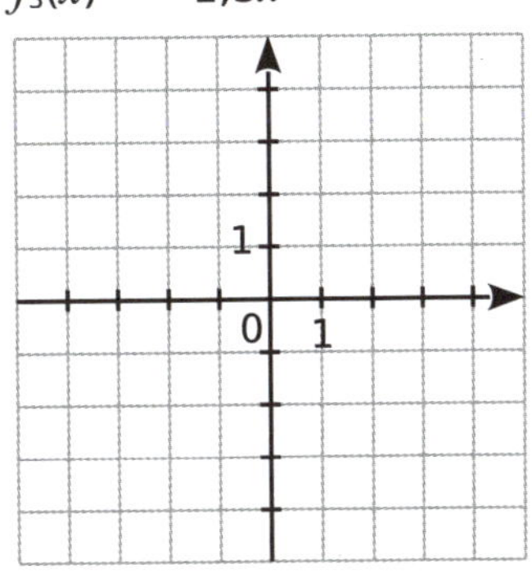

$f_4(x) = \dfrac{1}{2}x$

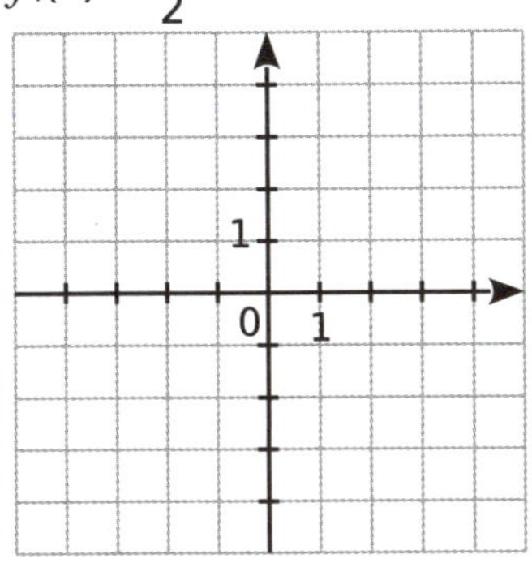

3 Soit la fonction $g : x \longmapsto 2x - 1$.

a. Quelle est la nature de sa représentation graphique ? Justifie.

....

....

....

b. Complète le tableau suivant.

x	0	1
$g(x)$		

c. Déduis-en les coordonnées de deux points appartenant à cette représentation graphique.

....

d. Trace la représentation graphique de la fonction g dans le repère ci-dessous.

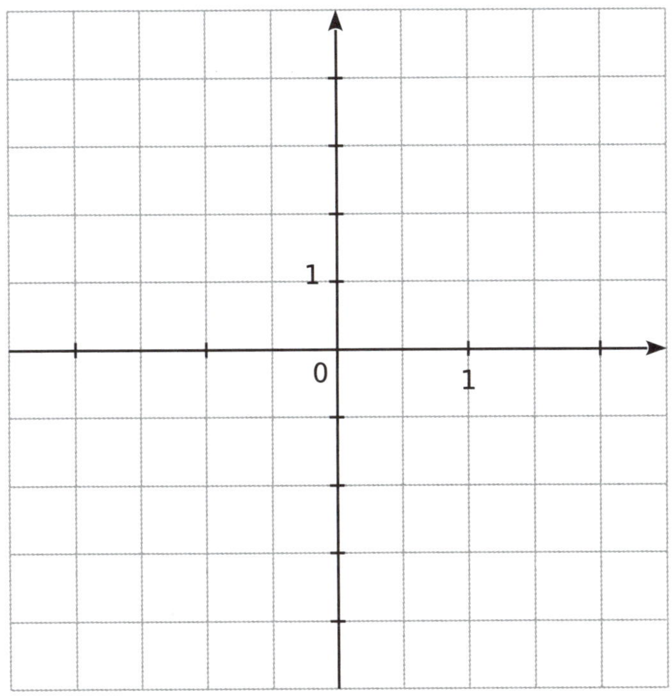

e. Par lecture graphique, complète le tableau de valeurs suivant.

x	- 2	- 1	0,5		
$g(x)$				2	3

f. Quelle est l'image de 2 par g ? ....

g. Quel nombre a pour image 2 par g ? ....

h. Quelle est l'image de 0,5 par g ? ....

i. Quel est l'antécédent de - 3 par g ? ....

j. $g(-1{,}5) =$ ....

k. $g(4) =$ ....

l. $g(\ldots\ldots) = 1$

m. $g(\ldots\ldots\ldots) = -1{,}5$

FICHE 5 : REPRÉSENTATION GRAPHIQUE

1 On veut tracer la représentation graphique (d_f) de la fonction $f : x \longmapsto 3x + 3$.

a. Quelles sont les coordonnées du point A de (d_f) d'abscisse 0 ? Comment appelle-t-on son ordonnée ? Place le point A dans le repère ci-dessous.

b. En utilisant le coefficient de la fonction f, place un deuxième point B de (d_f).
Quelles sont ses coordonnées ?

c. Trace la courbe (d_f) représentative de f.

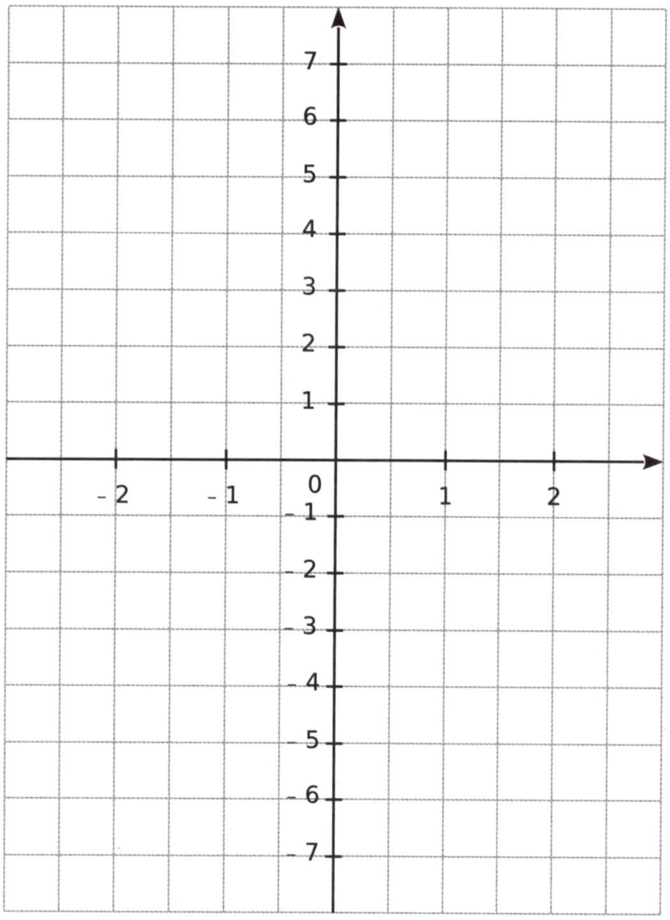

d. Trace les courbes (d_g) et (d_h) des fonctions g et h définies par $g(x) = 3x$ et $h(x) = 3x - 4$.

e. Que remarques-tu ? Justifie pourquoi.

f. Place les points F, G et H d'abscisse - 1, appartenant respectivement à (d_f), (d_g) et (d_h).

g. Donne les coordonnées de ces points.

2 On considère les fonctions suivantes.

$$f : x \longmapsto \frac{2}{3}x - 1 \text{ et } g : x \longmapsto -\frac{1}{3}x + 2$$

On appelle (d_f) et (d_g) leur représentation graphique.

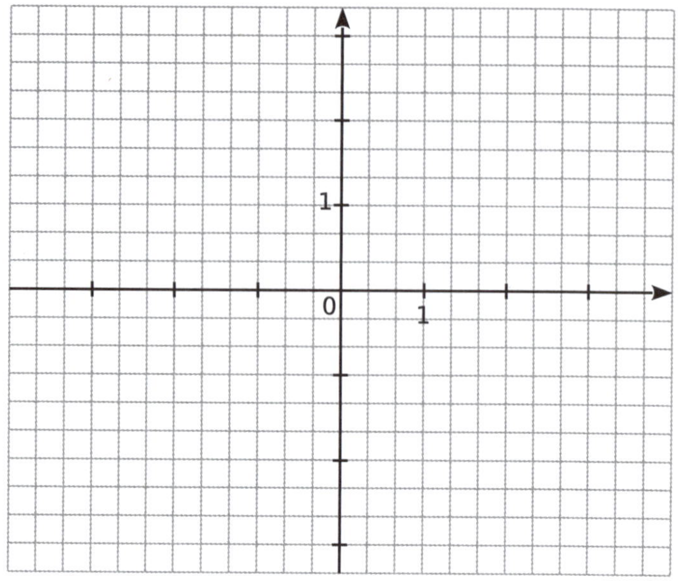

a. Détermine les coordonnées des points F_0 et G_0 d'abscisse 0, respectivement sur (d_f) et (d_g).

b. Détermine le coefficient de f et de g.

c. Déduis-en les coordonnées des points F_1 et G_1 d'abscisse 1, respectivement sur (d_f) et (d_g).

d. Ces deux points suffisent-ils à tracer précisément chaque courbe ? Justifie.

e. Détermine les coordonnées des points F_{-3} et G_{-3} d'abscisse - 3, respectivement sur (d_f) et (d_g).

f. Place ces différents points, puis trace (d_f) et (d_g).

g. Ces deux droites sont sécantes en un point I.
Lis les coordonnées de ce point I.

h. Résous graphiquement l'équation $f(x) = g(x)$.
À quoi cela correspond-il graphiquement ?

Fiche 6 : Déterminer une fonction linéaire ou affine par le calcul

1 Soient f_1 et f_2 deux fonctions linéaires telles que $f_1(3) = 18$ et $f_2(-3) = 27$.

Détermine les fonctions f_1 et f_2.

2 Soient f et g deux fonctions affines telles que $f(0) = 2$ et $f(4) = -18$; $g(0) = -1$ et $g(4) = 13$.

a. Quelle est l'ordonnée à l'origine b_f et b_g correspondant à chaque fonction ?

b. Détermine les fonctions f et g.

3 $f(x)$ est une fonction affine de la forme $ax + b$ telle que $f(-3) = -10$ et $f(3) = 2$.

On souhaite déterminer l'expression de f, c'est-à-dire déterminer a et b.

a. Calcule le coefficient de f en utilisant la formule $a = \dfrac{f(x_1) - f(x_2)}{x_1 - x_2}$.

b. Détermine l'expression de f.

c. Vérifie que la fonction trouvée convient.

4 Détermine les fonctions affines f_1 et f_2 telles que $f_1(1) = 4$ et $f_1(4) = 7$; $f_2(2) = -1$ et $f_2(-1) = 2$.

5 Détermine la fonction affine f telle que $f(9) = -1$ et $f(18) = -8$.

Fiche 7 : Synthèse (1)

1 Pour chaque ligne du tableau, trois réponses sont proposées, mais une seule est exacte : entoure la bonne réponse.

Soit la fonction définie par $f(x) = -2x + 3$.	Réponse A	Réponse B	Réponse C
1. $f(x)$ est de la forme $ax + b$. La valeur de a est...	3	-2	2
2. L'image de 0 par f est...	1	1,5	3
3. La droite qui représente la fonction f passe par le point...	A(-1 ; 1)	A(-1 ; 5)	A(1 ; -18)
4. L'antécédent de 4 par la fonction f est...	-5	$\frac{7}{2}$	$-\frac{1}{2}$
5. La droite qui représente la fonction f coupe l'axe des ordonnées en...	D(1,5 ; 0)	E(0 ; 3)	F(0 ; 2)

2 Soient f et g deux fonctions telles que :
$f(0) = -2$ et $f(5) = 6,5$; $g(0) = 0,8$ et $g(5) = 6,8$

a. Justifie que ces fonctions ne sont pas linéaires.

....

....

....

b. Écris f et g sous la forme $ax + b$ où a et b sont des nombres à préciser.

....

....

....

....

....

....

c. Détermine, par le calcul, la valeur de x pour laquelle $f(x) = g(x)$.

....

....

....

....

d. Complète les tableaux de valeurs suivants.

x	0	2	4	6	8	10
$f(x)$						

x	0	2	4	6	8	10
$g(x)$						

e. Construis les courbes représentatives (d_f) et (d_g) des fonctions f et g, dans le repère ci-dessous.

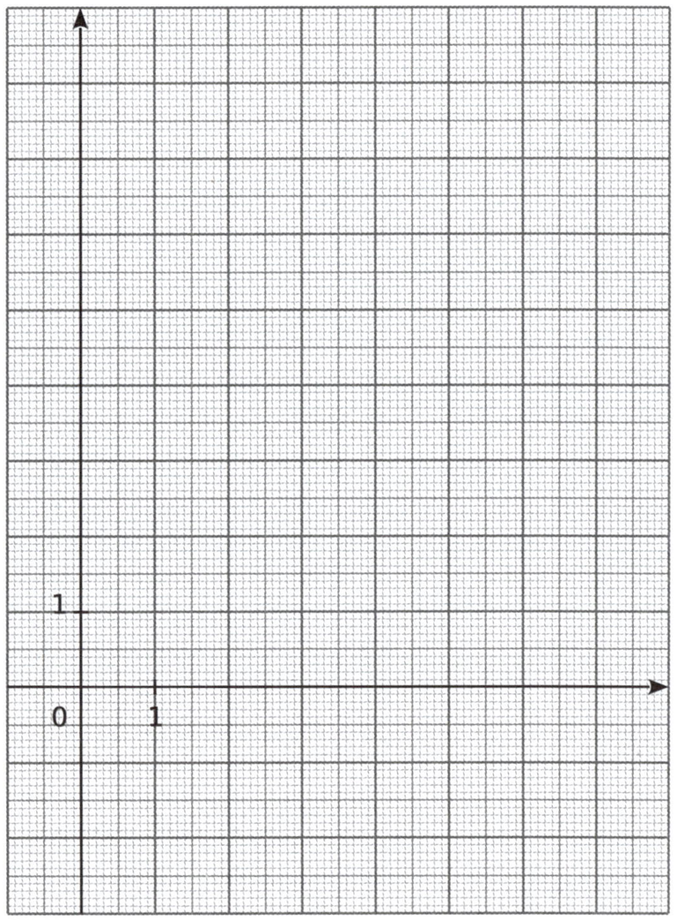

f. Retrouve sur le graphique la valeur de x pour laquelle $f(x) = g(x)$. Trace les pointillés nécessaires.

g. (d_f) et (d_g) se coupent en K. Calcule les coordonnées de ce point d'intersection.

....

....

....

FICHE 8 : SYNTHÈSE (2)

1 Dans un repère, la représentation graphique d'une fonction affine g passe par les points A(2 ; 4) et B(– 3 ; – 11).

a. Détermine une expression de la fonction g.

....

....

....

....

....

....

....

....

b. Par le calcul, détermine si le point C(6 ; 15) appartient à la droite (AB).

....

....

c. Détermine les coordonnées de D et E, points d'intersection de la droite (AB) avec respectivement l'axe des abscisses et celui des ordonnées.

....

....

....

....

....

....

2 Les droites (d_f) et (d_g) sont respectivement les représentations graphiques des fonctions f et g.

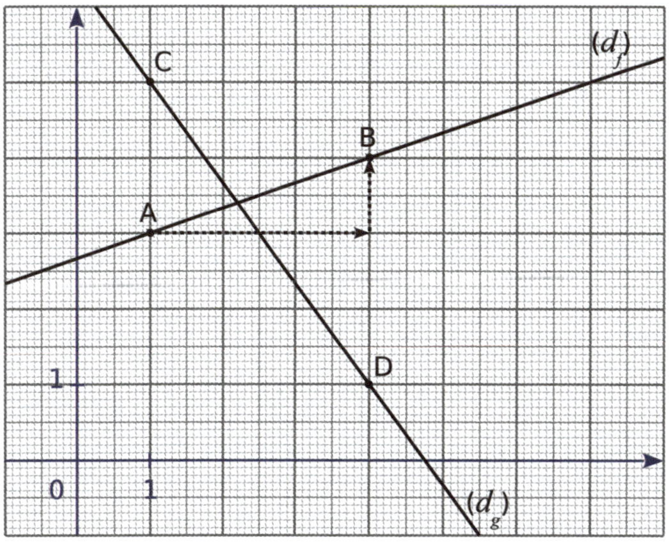

a. Quelles sont les coordonnées des points A et B ?

....

b. Détermine la fonction f.

....

....

....

....

....

c. Quelles sont les coordonnées des points C et D ?

....

d. Détermine la fonction g.

....

....

....

....

....

e. Détermine graphiquement les solutions de l'équation $f(x) = g(x)$, puis les coordonnées du point d'intersection M de (d_f) et (d_g).

....

....

f. Vérifie par le calcul les résultats de la question **e**.

....

....

....

....

....

FICHE 9 : SYNTHÈSE (3)

1 L'école I.Parcours décide d'acheter un logiciel pour gérer sa bibliothèque. Il y a trois tarifs :

- Tarif A : 19 euros ;
- Tarif B : 10 centimes par élève ;
- Tarif C : 8 euros + 5 centimes par élève.

a. Complète le tableau.

Nombre d'élèves	100	200	300
Tarif A	19 €		
Tarif B			30 €
Tarif C		18 €	

b. Si x représente le nombre d'élèves, entoure la fonction qui correspond au tarif C.

$x \longmapsto 8 + 5x$ $x \longmapsto 8 + 0{,}05x$ $x \longmapsto 0{,}05 + 8x$

c. Quelle est la nature de cette fonction ?

....

....

d. Sur le graphique ci-dessous, on a représenté le tarif B. Sur ce même graphique, représente les tarifs A et C.

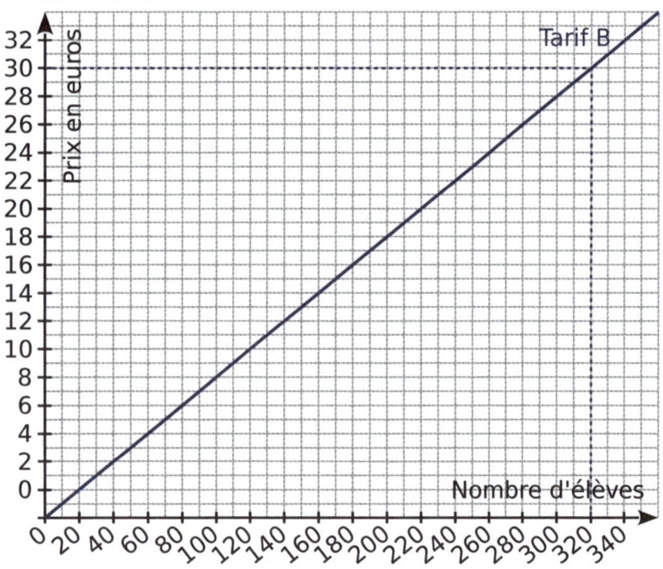

e. Par lecture graphique, à partir de combien d'élèves le tarif A est-il plus intéressant que le tarif C ? (Fais apparaitre sur le graphique les tracés nécessaires à la lecture.)

....

....

f. Dans l'école I.Parcours, il y a 209 élèves. Quel est le tarif le plus intéressant pour cette école ?

....

....

....

2 TRAP est un trapèze, rectangle en A et en P, tel que : TP = 3 cm ; PA = 5 cm et AR = 4 cm.
M est un point variable du segment [PA] et on note x la longueur du segment [PM] en cm.

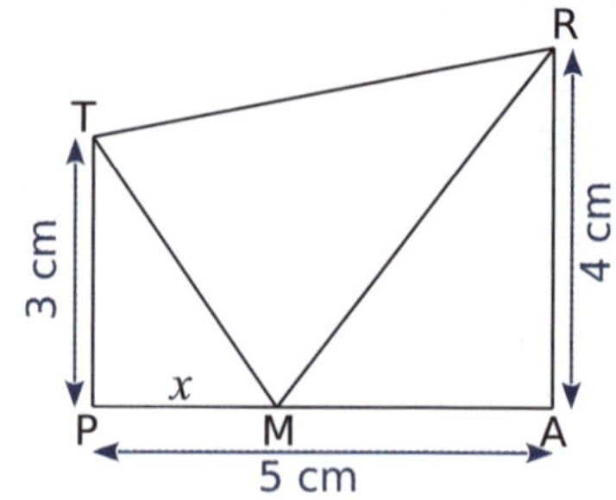

a. Donne les valeurs entre lesquelles x peut varier.

....

b. Montre que l'aire du triangle PTM est $1{,}5x$ et que l'aire du triangle ARM est $10 - 2x$.

....

....

....

Cette droite est la représentation graphique de la fonction qui, à x, associe l'aire du triangle ARM.

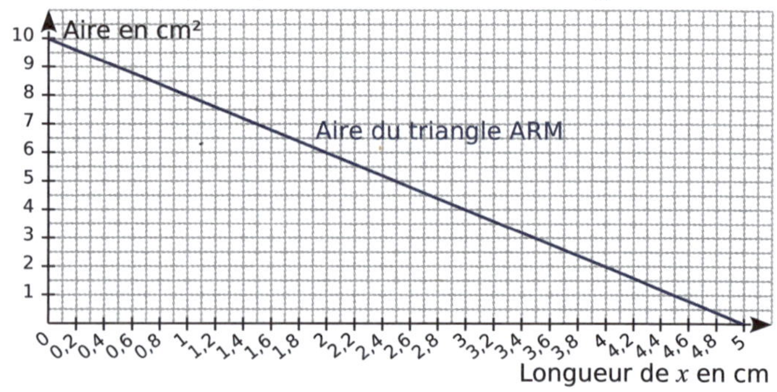

Réponds aux questions **c**, **d** et **f** en utilisant ce graphique. Laisse apparents les traits nécessaires.

c. Pour quelle valeur de x l'aire du triangle ARM est-elle égale à 6 cm² ?

....

d. Lorsque x est égal à 4 cm, quelle est l'aire du triangle ARM ?

....

e. Sur ce graphique, trace la droite représentant la fonction : $x \longmapsto 1{,}5x$.

f. Estime, à un millimètre près, la valeur de x pour laquelle les triangles PTM et ARM ont la même aire.

....

g. Montre par le calcul que la valeur exacte de x pour laquelle les deux aires sont égales est $\frac{100}{35}$.

....

....

....

FICHE 10 : PROPORTIONNALITÉ

1 Le poids d'un corps sur un astre dépend de sa masse et de l'accélération de la pesanteur.

On peut montrer que la relation est $P = mg$,

P est le poids (en Newton) d'un corps sur un astre (c'est-à-dire la force que l'astre exerce sur le corps) ;

m est la masse (en kg) de ce corps ;

g est l'accélération de la pesanteur de cet astre.

a. Sur la Terre, l'accélération de la pesanteur de la Terre g_T est d'environ 9,8. Calcule, en Newton, le poids sur Terre d'un homme ayant une masse de 70 kg.

....

....

....

b. Sur la Lune, la relation $P = mg$ est toujours valable. Ci-dessous, on donne le tableau de correspondance Poids-Masse sur la Lune.

Masse (kg)	3	10	25	40	55
Poids (N)	5,1	17	42,5	68	93,5

- Ce tableau est-il un tableau de proportionnalité ?

....

....

....

- Calcule l'accélération de la pesanteur sur la Lune, notée g_L.

....

....

- Est-il vrai que l'on pèse environ 6 fois moins lourd sur la Lune que sur la Terre ?

....

....

....

2 « Les 24 heures du Mans » est le nom d'une course automobile.

Document 1 : Principe de la course

Les voitures tournent sur un circuit pendant 24 heures. La voiture gagnante est celle qui a parcouru la plus grande distance.

Document 2 : Schéma du circuit

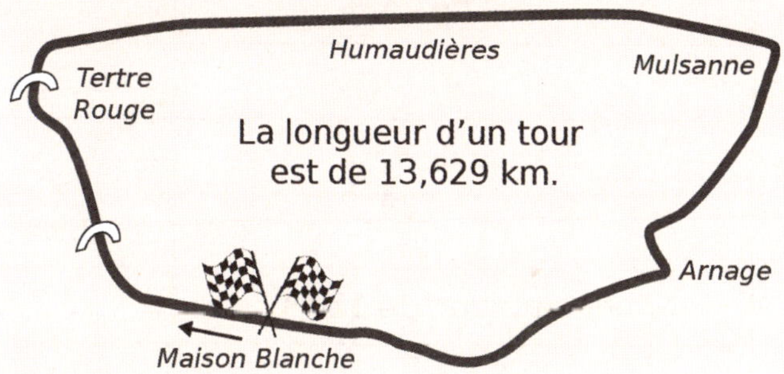

Document 3 : Extrait d'un article de journal

5 405,470

C'est le nombre de kilomètres parcourus par l'Audi R15+ à l'issue de la course.

Document 4 : Unités anglo-saxonnes

L'unité de mesure utilisée par les anglo-saxons est le mile par heure (mile per hour), noté mph.

1 mile ≈ 1 609 mètres

À l'aide des documents fournis...

a. détermine le nombre de tours complets que la voiture Audi R15+ a effectués lors de cette course.

....

....

b. calcule la vitesse moyenne, en km/h, de cette voiture. Arrondis à l'unité.

....

....

c. On relève la vitesse de deux voitures au même moment.

- Vitesse de la voiture n°37 : 205 mph.
- Vitesse de la voiture n°38 : 310 km/h.

Quelle est la voiture la plus rapide ?

....

....

....

....

Fiche 11 : Pourcentage d'évolution (1)

1 Complète le tableau ci-dessous.

a.	Augmentation de 23 %	× 1,23
b.		× 1,58
c.	Augmentation de 7 %	
d.		× 1,01
e.	Baisse de 15 %	
f.		× 0,91
g.	Baisse de 4 %	
h.		× 0,53
i.	Augmentation de 110 %	
j.		× 0,855
k.		× 2,09
l.	Baisse de 0,1 %	

2 Complète les étiquettes ci-dessous. Détaille tes calculs.

a.

Ancien prix : 99 €
Soldes : - 20 %
Nouveau prix : €

b.

Ancien prix : 45 €
Soldes : - 15 %
Nouveau prix : €

c.

Ancien prix : €
Soldes : - 30 %
Nouveau prix : 30 €

d.

Ancien prix : 60 €
Soldes : - %
Nouveau prix : 54 €

3 Dans l'Océan Pacifique Nord, des déchets plastiques flottants se sont accumulés à tel point qu'ils constituent aujourd'hui une poubelle géante, grande comme 6 fois la France.

a. Sachant que la superficie de la France est environ 550 000 km², quelle est la superficie actuelle de cette poubelle géante ?

b. Sachant que la superficie de cette poubelle géante augmente chaque année de 10 %, quelle sera sa superficie dans un an ?

c. Que penses-tu de l'affirmation « *Dans 4 ans, la superficie de cette poubelle aura doublé.* » ? Justifie ta réponse.

4 Voici un article trouvé sur Internet.

« D'après l'*Observatoire des Usages Internet* de Médiamétrie, au dernier trimestre 2011, 28 millions d'internautes ont acheté en ligne.
Au premier trimestre 2012, on constate une augmentation de 11 % du nombre d'achats en ligne. »

a. En utilisant les données de cet article, calcule le nombre de cyberacheteurs au premier trimestre 2012. Arrondis le résultat à 0,1 million près.

b. Si la progression sur le deuxième trimestre 2012 est, elle aussi, de 11 %, quelle serait la progression en pourcentage sur les deux trimestres ? Justifie la réponse.

FICHE 12 : POURCENTAGE D'ÉVOLUTION (2)

1 Un stage de voile pour enfants est proposé pendant les vacances. Le prix affiché est de 115 € pour un enfant. Lorsqu'une famille inscrit deux enfants ou plus, elle bénéficie d'une réduction qui dépend du nombre d'enfants inscrits.

a. La famille Durand qui inscrit deux enfants a une réduction de 5 %. Quel prix va-t-elle payer ?

....

....

....

b. La famille Dupont qui inscrit trois enfants paie 310,50 €. Quel est le pourcentage de réduction accordé ?

....

....

....

....

....

2 Voici un tableau donnant l'évolution en eau et en salinité de la mer d'Aral, de 1960 à 1985.

	1960	1965	1970	1975	1980	1985
Surface d'eau (km^2)	69 790	62 380	58 920	54 670	49 210	43 080
Salinité (g/L)	9,9					

Mer d'Aral en 1985

Mer d'Aral en 2014

a. Le tableau ci-dessous donne l'évolution, en pourcentage, de la surface de l'eau et de la salinité de la mer d'Aral. Complète-le à partir des données du tableau précédent. Arrondis au dixième.

	❶ entre 1960 et 1965	❷ entre 1965 et 1970	❸ entre 1970 et 1975	❹ entre 1975 et 1980	❺ entre 1980 et 1985
Surface d'eau					
Salinité	+ 9,1 %	+ 3,7 %	+ 19,6 %	+ 25,4 %	+ 36,3 %

b. Complète le premier tableau, concernant la salinité en g/L de la mer d'Aral, à l'aide du deuxième. Arrondis au dixième.

c. Compare ces deux évolutions. Que remarques-tu ?

....

....

....

....

3 Voici un tableau donnant l'évolution de la population de l'ile de Ré, entre 2012 et 2014.

	2012	2014
Population des 5 communes du Nord de l'ile	4 454	
Population des 5 communes du Sud de l'ile		13 505
Total de la population de l'ile de Ré		

a. La population des 5 communes du Nord de l'ile a augmenté de 3,19 % entre 2012 et 2014. Complète la première ligne du tableau. Arrondis à l'unité.

b. La population des 5 communes du Sud de l'ile a augmenté de 1,78 % entre 2012 et 2014. Complète la deuxième ligne du tableau. Arrondis à l'unité.

c. Complète la dernière ligne du tableau et calcule l'augmentation de la population totale de l'ile entre 2012 et 2014. Arrondis au centième.

....

....

d. Compare avec les augmentations précédentes.

....

....

FICHE 13 : GRANDEURS COMPOSÉES (1)

1 *Des vitesses (1)*

a. Convertis 130 km·h^{-1} en m·s^{-1}.

130 ÷ 3600 = 36,1 m/s
130 km = 130 000 m
1h → 130000 m
1s → ?
$\frac{130000}{3600}$ = 36 m/s

b. Convertis 3,5 m·s^{-1} en km·h^{-1}.

3,5 m/s = 12,6 km/h
3,5 m/s correspond à 12,6 km/h.

2 *Des vitesses (2)*

a. Convertis 17,3 m·s^{-1} en km·h^{-1}.

17,3 m = 0,0173 km/s
0,0173 × 3600 = 62,28 km/h

b. Convertis 99 km·h^{-1} en m·s^{-1}.

99 000 ~~km~~ m/h
99000 ÷ 3600 = 27,5 m/s

c. Convertis 600 m·s^{-1} en km·min^{-1}.

0,6 km/s
0,6 × 60 = 36 km/min

3 *Des masses volumiques*

a. Convertis 35,6 g·cm^{-3} en kg·m^{-3}.

b. Convertis 5 640 kg·m^{-3} en g·cm^{-3}.

4 *Des énergies*

a. Convertis 2,5 kWj en Wh.

b. Convertis 1,2 MWh en kWj.

5 Convertis le débit 5,04 m^{3}·h^{-1} en L·s^{-1}.

FICHE 14 : GRANDEURS COMPOSÉES (2)

1 Une piscine olympique mesure 50 m de long sur 20 m de large, et a une profondeur moyenne de 1,70 m.

Combien de temps faut-il pour la remplir à l'aide d'une pompe dont le débit est de 7 500 $L \cdot h^{-1}$? Donne le résultat en jours, heures et minutes.

Volume piscine : 1700 m³
$\frac{1700}{7,5} \simeq 226,6$
Il faut ~~environ~~ 9,444 jours pour remplir la piscine ou 226,6 heure ou 13560 min
9 jour 10 heures 40 min
Il faut 9 jours et 6 heure ou 226 heures ou 13560 minutes.
226,667 − 9 × 24 = 10,667 Le 10 jours il faudra 10 heures entière plus 2/3 d'une heure soit 40 min

2 Fabriquée en série dans l'usine de Molsheim en Alsace, la Bugatti Veyron a atteint les 415 $km \cdot h^{-1}$ sur le grand Lac Salé, situé dans l'Utah. Cela en fait la voiture de série la plus rapide au monde.

a. Sa consommation en utilisation normale est de 24,1 L/100 km, et la capacité de son réservoir est de 98 litres. Calcule son autonomie, en utilisation normale, arrondie au kilomètre.

98 ÷ 24,4 ≃ 4
4 × 100 = 400 (407)
Son autonomie est de 400 km

b. À la vitesse de 400 $km \cdot h^{-1}$, sa consommation atteint 90 L/100 km. Calcule alors son autonomie, arrondie au kilomètre.

98 ÷ 90 ≃ 1
Son autonomie est environ 100 km. (109)

c. Calcule sa vitesse maximale en $m \cdot s^{-1}$. Donne la valeur arrondie au dixième.

415 km = 415000 m/h
415000 ÷ 3600 ≃ 115,3 m/s

3 Le césium est un métal qui a été découvert en 1861. Il est liquide à température ambiante, et sa masse volumique est de 1 879 $kg \cdot m^{-3}$. Il est utilisé dans différents domaines, dont la médecine ; il permet aussi de définir la durée de la seconde.

a. Exprime la masse volumique du césium, en g/cm³.

1879 kg = 1879000 ~~cm~~ g
1879000 ÷ 1000 000 = 1,879

b. Calcule la masse, en kg, de 5,4 dm³ de ce métal. Donne la valeur arrondie au dixième.

1879 × 5,4 = 10146,6
La masse est de 10,146,6 kg.

4 L'eau d'un bassin est une solution saline dont la concentration en sel est égale à 35 $g \cdot L^{-1}$.
Le bassin est semblable à un pavé droit dont les dimensions sont 5 m ; 3 m et 2,5 m.

Calcule la quantité de sel, en kg, dans ce bassin.

Volume du bassin = 5 × 3 × 2,5
= 37,5 m³
~~3750 000 : 35~~
37 500 dm³ = 37500 L
37 500 → 1312 000
1 → 35
1312500 g = 1312,5 kg.

5 Un téléviseur à écran plat a une puissance P de 180 W. On le fait fonctionner pendant une durée t de deux heures et quarante-cinq minutes.

a. Calcule l'énergie E consommée par ce téléviseur ($E = P \times t$), exprimée en kWh.

0,18 × 2,75 = 0,495

b. Exprime cette énergie en joules (1 J = 1 Ws).

E = 180 × 2,75 × 3600
= 1782 000 J

Fiche 15 : Grandeurs composées (3)

1 Le parsec (pc) est une unité de longueur utilisée en astronomie. Un parsec vaut environ 3,261 années-lumière (al). Pour inspecter les contrées lointaines de l'Empire, Dark Vador doit parcourir 12 523 pc à bord de son croiseur-amiral.

Quelle doit être la vitesse de son navire (en al·h^{-1}) pour que le voyage dure six mois (180 jours) ? Donne la valeur arrondie au dixième.

2 La VO_2max est le volume maximal d'oxygène qu'un sujet humain peut consommer, par unité de temps, au cours d'un effort. Elle s'exprime en L/min. Afin de personnaliser la mesure, la valeur observée est le plus souvent rapportée à l'unité de masse, et s'exprime alors en mL/min/kg (VO_2max dite « spécifique »).

a. Chez un sujet jeune et sain, on observe des VO_2max de l'ordre de 45 mL/min/kg chez l'homme, et 35 mL/min/kg chez la femme.

- Calcule la quantité d'oxygène consommée, en L, pour un effort de 12 minutes chez un homme de 78 kg.
- Même question chez une femme de 52 kg et pour un effort de 14 minutes.

b. Chez l'athlète de haut niveau, on peut observer des VO_2max spécifiques atteignant 90 mL/min/kg chez l'homme, et 75 mL/min/kg chez la femme (*source INSEP*). Reprends la question **a**, en tenant compte de ces nouvelles données.

3 Le braquet est le rapport de démultiplication entre le pédalier et le pignon arrière d'un vélo.
Ainsi, un cycliste qui utilise un pédalier de 28 dents et un pignon de 26 dents, avec des roues de 650 (soit environ 63 cm de diamètre et donc 1,98 m de circonférence), avance à chaque tour de pédalier de : $1{,}98 \text{ m} \times \frac{28}{26} \approx 2{,}13 \text{ m}$.

On dit alors que le braquet est 28 × 26 et que le développement est 2,13 m·tour^{-1}.

a. Lorsque le cycliste roule en plaine, il peut utiliser un « grand braquet », par exemple un 52 × 14.
Calcule alors sa vitesse, en km·h^{-1}, en supposant qu'il effectue 80 tours de pédale à la minute. Donne la valeur arrondie au dixième.

b. Lorsqu'il roule en montagne, il utilise plutôt un « petit braquet », par exemple un 26 × 30.
Calcule alors sa vitesse, en km·h^{-1}, s'il roule à la même cadence que dans le **a**. Donne la valeur arrondie au dixième.

c. Lors du Tour de France 2003, le coureur français Sébastien Hinault est interviewé. À la question « Quel braquet comptez-vous utiliser pour grimper le col de Bagargui ? », il répond : « On a prévu le 39 × 25 et je pense qu'on va le mettre. ».
Sachant que ce coureur utilise des roues de 2,08 m de circonférence et que sa cadence de rotation varie de 80 à 100 tours·min^{-1}, calcule sa vitesse minimale et sa vitesse maximale en km·h^{-1}. Donne les valeurs arrondies au dixième.

Statistiques D3

Fiche 1 : Regroupements par classe (1)

1 Voici le poids (en kg) de tous les licenciés d'un club de boxe.

75	57	73	63	70	74	73	65
60	76	67	61	81	72	56	77
77	72	90	88	55	76	76	93
73	57	75	71	76	82	65	68
71	91	66	100	92	58	80	79
55	72	98	54	75	77	78	97
84	89	73	111	72	65	80	66
66	61	107	62	79	80	75	88
96	60	63	76	59	68	59	71
80	79	73	67	73	72	84	74

a. Regroupe ces données par catégorie.

Poids	Plumes	Légers	Super-légers	Welters
	54 à 56	57 à 59	60 à 63	65 à 68
Effectif				

Poids	Moyens	Mi-lourds	Lourds	Super-lourds
	70 à 74	75 à 80	81 à 90	Supérieur à 91
Effectif				

Pour répondre, utilise les valeurs du tableau.

b. Combien de boxeurs pèsent 59 kg et moins ?

....

c. Combien de boxeurs pèsent 76 kg ?

....

d. Combien pèsent entre 65 et 80 kg ?

....

e. Les boxeurs des catégories « Moyens » et inférieures représentent-ils plus ou moins de 50 % des boxeurs du club ?

....

....

....

2 Voici les heures et coefficients de marées hautes en juillet 2010, à Belle-Ile-en-Mer.

Date	Matin	Hauteur	Coef.	Soir	Hauteur	Coef.
1 J	8 h 11	4,40 m	**69**	20 h 32	4,55 m	**66**
2 V	8 h 45	4,25 m	**63**	21 h 10	4,40 m	**59**
3 S	9 h 22	4,15 m	**56**	21 h 54	4,20 m	**52**
4 D	10 h 09	4,00 m	**48**	22 h 47	4,05 m	**45**
5 L	11 h 12	3,90 m	**43**	23 h 55	3,95 m	**41**
6 M	.. ..	.. ..	..	12 h 36	3,85 m	**40**
7 M	1 h 13	3,95 m	**41**	13 h 53	4,00 m	**43**
8 J	2 h 23	4,05 m	**47**	14 h 53	4,20 m	**51**
9 V	3 h 23	4,25 m	**56**	15 h 44	4,45 m	**62**
10 S	4 h 15	4,50 m	**68**	16 h 31	4,75 m	**74**
11 D	5 h 03	4,75 m	**80**	17 h 17	5,00 m	**86**
12 L	5 h 50	4,95 m	**91**	18 h 02	5,20 m	**95**
13 M	6 h 35	5,10 m	**98**	18 h 48	5,35 m	**101**
14 M	7 h 19	5,10 m	**102**	19 h 33	5,35 m	**102**
15 J	8 h 03	5,05 m	**100**	20 h 19	5,25 m	**98**
16 V	8 h 47	4,90 m	**94**	21 h 05	5,00 m	**89**
17 S	9 h 33	4,65 m	**84**	21 h 54	4,70 m	**77**
18 D	10 h 26	4,40 m	**71**	22 h 52	4,35 m	**64**
19 L	11 h 34	4,15 m	**58**	.. ..	.. ..	..
20 M	0 h 11	4,10 m	**53**	13 h 02	4,05 m	**49**
21 M	1 h 48	3,95 m	**47**	14 h 22	4,15 m	**47**
22 J	3 h 06	4,05 m	**49**	15 h 24	4,30 m	**52**
23 V	4 h 02	4,15 m	**56**	16 h 11	4,45 m	**60**
24 S	4 h 44	4,35 m	**64**	16 h 50	4,65 m	**68**
25 D	5 h 18	4,45 m	**72**	17 h 24	4,80 m	**75**
26 L	5 h 48	4,60 m	**77**	17 h 56	4,90 m	**79**
27 M	6 h 16	4,65 m	**81**	18 h 27	4,95 m	**81**
28 M	6 h 44	4,70 m	**81**	18 h 57	4,90 m	**81**
29 J	7 h 12	4,65 m	**80**	19 h 28	4,85 m	**79**
30 V	7 h 39	4,60 m	**76**	19 h 58	4,70 m	**74**
31 S	8 h 08	4,50 m	**71**	20 h 30	4,55 m	**68**

a. Complète le tableau ci-dessous.

Coefficient	$40 \leqslant c < 50$	$50 \leqslant c < 60$	$60 \leqslant c < 70$	$70 \leqslant c < 80$	$80 \leqslant c < 90$	$90 \leqslant c < 100$	$100 \leqslant c < 110$
Effectif							

b. Quel est l'effectif des coefficients de marée strictement inférieurs à 80 ?

....

....

c. Quel est le pourcentage des coefficients de marée strictement inférieurs à 80 ?

....

....

....

FICHE 2 : REGROUPEMENTS PAR CLASSE (2)

1 Voici les résultats des matchs de Ligue 1 de football pour deux clubs. (Le score du club est en gras.)

Valenciennes

1 - 3	1 - **0**	**2** - 3	0 - **1**	**1** - 1	2 - **5**
3 - 2	3 - **2**	**2** - 0	0 - **2**	**0** - 0	0 - **3**
1 - 1	0 - **1**	4 - **0**	**3** - 1	2 - **1**	**0** - 0
3 - **2**	**1** - 3	0 - **2**	**1** - 1	5 - **1**	**2** - 1
0 - **1**	**1** - 0	1 - **0**	**0** - 2	2 - **1**	**1** - 0
2 - **1**	**0** - 1	1 - **1**	**2** - 0	**0** - 0	2 - **2**
2 - 2	1 - **1**				

Lens

4 - **1**	**2** - 0	1 - **2**	**2** - 2	1 - **0**	**1** - 1
3 - **0**	**0** - 2	2 - **0**	**0** - 2	1 - **1**	**1** - 1
1 - **2**	**2** - 1	**1** - 0	2 - **1**	**2** - 0	0 - **0**
1 - 0	1 - **1**	**0** - 1	1 - **0**	**2** - 1	1 - **0**
3 - 0	1 - **0**	**1** - 1	1 - **0**	**0** - 0	5 - **1**
1 - **0**	**3** - 0	0 - **0**	**1** - 1	1 - **4**	**1** - 1
0 - **0**	**4** - 3				

a. Regroupe ces données par classe.

Club	Résultats		
	Victoires	**Défaites**	**Nuls**
Valenciennes			
Lens			

b. Sachant qu'une victoire rapporte 3 points, un nul rapporte 1 point et une défaite ne rapporte aucun point, calcule le nombre de points de chaque équipe à la fin du championnat.

....

....

....

....

....

c. Quelle équipe est la mieux classée ?

....

....

2 On a relevé l'été dernier les températures (en °C) au Grau-du-Roi, tous les jours à midi.

28	31	25	37	35	35	33	25	32	29	31	37
37	36	23	27	36	27	38	23	32	22	37	37
28	27	30	28	33	34	26	30	31	37	32	31
29	36	30	22	36	25	34	37	26	26	30	32
35	29	24	27	28	36	28	26	36	30	38	32

a. Regroupe dans un tableau ces températures par classe d'amplitude 5 °C (première classe : 21 à 25 °C).

T (en °C)	
Effectif	

b. Combien de jours a-t-il fait une température strictement supérieure à 30 °C ?

....

....

3 Le 97e Tour de France comprend 20 étapes et 1 prologue, dont voici le détail.

Jour	Type	Distance
P	Prologue	8,9 km
1	Plaine	223,5 km
2	Vallonnée	201 km
3	Plaine	213 km
4	Plaine	153,5 km
5	Plaine	187,5 km
6	Plaine	227,5 km
7	Moyenne montagne	165,5 km
8	Haute montagne	189 km
9	Haute montagne	204,5 km
10	Moyenne montagne	179 km
11	Plaine	184,5 km
12	Vallonnée	210,5 km
13	Plaine	196 km
14	Haute montagne	184,5 km
15	Haute montagne	187 km
16	Haute montagne	199,5 km
17	Haute montagne	174 km
18	Plaine	198 km
19	Contre la montre	52 km
20	Plaine	102,5 km

a. Calcule le nombre total de kilomètres parcourus pendant ce Tour.

....

....

....

b. Calcule la moyenne des distances parcourues par étape, au cours de ce Tour de France.

....

....

c. Complète le tableau suivant.

Type	Prologue	Plaine	Vallonnée	Moyenne montagne	Haute montagne	Contre la montre
Effectif						

d. Regroupe les distances (d) par classe de 20 km d'amplitude sauf la première.

d	$0 \leqslant d < 150$				
Effectif					

FICHE 3 : SÉRIES STATISTIQUES

1 Voici le classement après chacune des journées du championnat de football de Ligue 1 de 2009-2010 pour Lens, et le graphique correspondant pour Valenciennes.

Club	Journée du championnat																		
	1er	2^{e}	3^{e}	4^{e}	5^{e}	6^{e}	7^{e}	8^{e}	9^{e}	10^{e}	11^{e}	12^{e}	13^{e}	14^{e}	15^{e}	16^{e}	17^{e}	18^{e}	19^{e}
Valenciennes																			
Lens	19^{e}	11^{e}	6^{e}	6^{e}	10^{e}	10^{e}	13^{e}	17^{e}	18^{e}	19^{e}	19^{e}	17^{e}	16^{e}	15^{e}	15^{e}	15^{e}	14^{e}	14^{e}	13^{e}

Club	20^{e}	21^{e}	22^{e}	23^{e}	24^{e}	25^{e}	26^{e}	27^{e}	28^{e}	29^{e}	30^{e}	31^{e}	32^{e}	33^{e}	34^{e}	35^{e}	36^{e}	37^{e}	38^{e}
Valenciennes																			
Lens	13^{e}	15^{e}	15^{e}	14^{e}	15^{e}	13^{e}	13^{e}	15^{e}	15^{e}	15^{e}	15^{e}	16^{e}	14^{e}	14^{e}	14^{e}	14^{e}	13^{e}	14^{e}	11^{e}

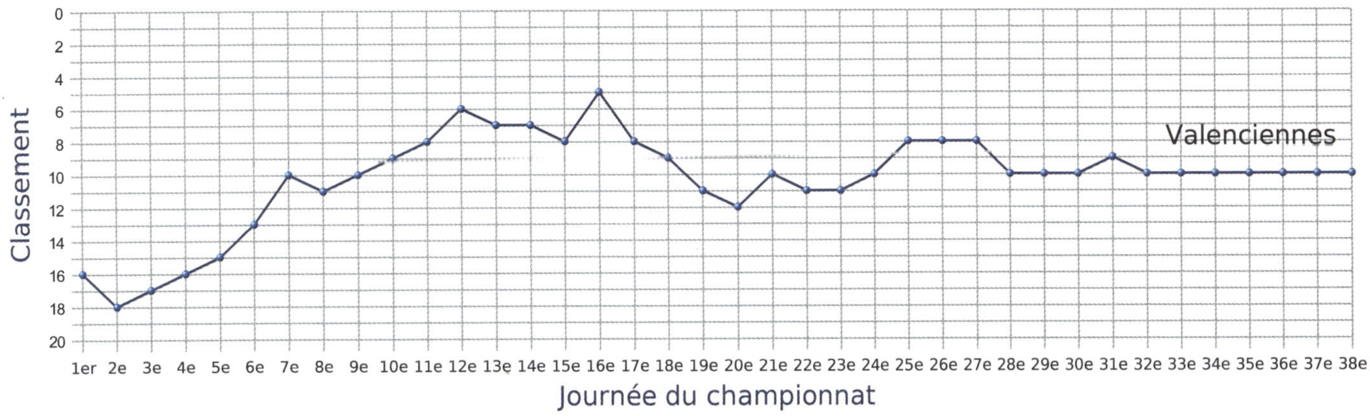

a. Complète le tableau pour Valenciennes, en lisant les valeurs sur le graphique.

b. Complète le graphique pour Lens, en te servant des données du tableau.

c. Donne le classement de chaque équipe lors de la 13e journée de championnat.

....

....

....

....

....

d. Quel est le meilleur classement pour chacune des deux équipes ? Et le moins bon ?

....

....

....

....

....

e. Durant quelle période le club de Lens a-t-il eu un meilleur classement que celui de Valenciennes ?

....

....

....

2 On a demandé à 648 enfants ce qui leur ferait plaisir à Noël, parmi cinq choix possibles, et on a obtenu les résultats suivants.

	Console	Lecteur MP3	Scooter	Ordinateur	Téléphone portable
Fréquence	$\frac{1}{9}$	$\frac{2}{9}$	$\frac{1}{18}$	$\frac{1}{6}$	$\frac{4}{9}$
Angle en degrés					

a. Vérifie que la somme des fréquences est 1.

....

....

b. Complète le tableau, puis le diagramme, sachant que le disque est gradué de 10° en 10°.

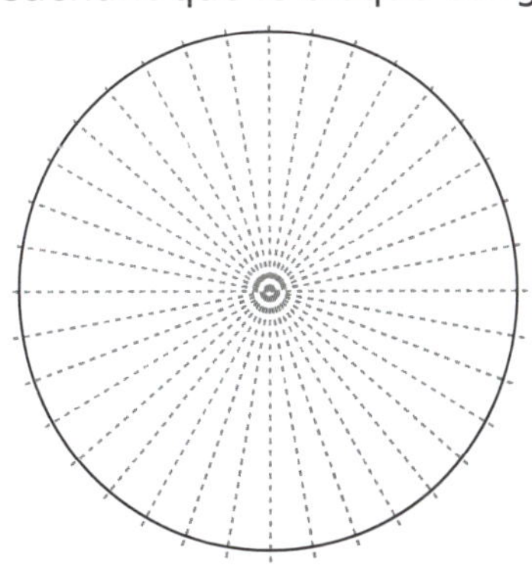

☐ Console
☐ Lecteur MP3
☐ Scooter
☐ Ordinateur
☐ Téléphone portable

FICHE 4 : DIAGRAMMES (1)

1 Le tableau suivant donne la distance de freinage (d_F) d'un scooter sur route sèche, en fonction de sa vitesse (sans tenir compte du temps de réaction du conducteur).

a. Sur route mouillée, d_F est 75 % plus grande que sur route sèche. Complète la troisième ligne du tableau (arrondis au demi-mètre le plus proche).

Vitesse (km/h)	0	10	20	30	40	50
d_F (m) sur route sèche	0	0,5	2,5	5,5	10	15,5
d_F (m) sur route mouillée						

b. Place les points représentant d_F en fonction de la vitesse sur route mouillée (en bleu), puis sur route sèche (en rouge). Pour chaque cas, relie les points.

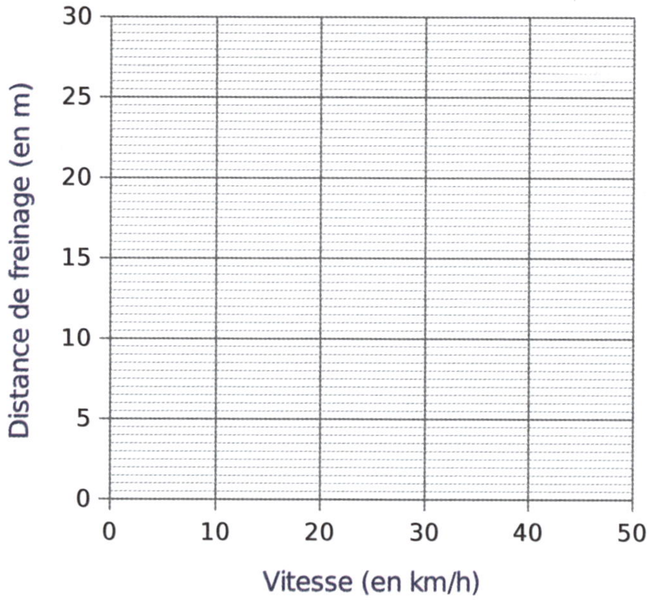

c. d_F est-elle proportionnelle à la vitesse ? Justifie.

....

....

....

d. À l'aide du graphique, donne la distance de freinage, arrondie au demi-mètre près, sur route sèche puis sur route mouillée...

- à 25 km/h :

....

....

....

- à 45 km/h :

....

....

....

2 Voici le nombre de jours fériés par pays.

Pays	Jours fériés	Pays	Jours fériés
Allemagne	13	France	11
Danemark	10	Grèce	12
Espagne	14	Irlande	9
Finlande	14	Royaume-Uni	8

Représente ces données, en complétant le diagramme en barres suivant.

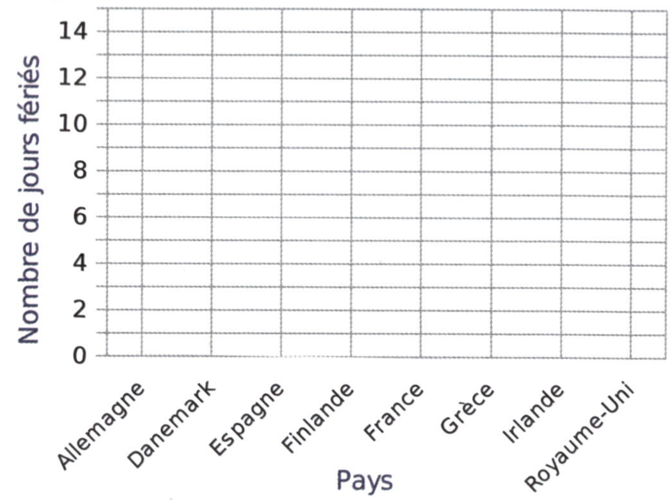

3 On a relevé les précipitations mensuelles (en mm) de Lille en 2009.

Mois	J	F	M	A	M	J	J	A	S	O	N	D
Précipitations	62	68	57	29	70	96	71	27	26	54	163	95

a. Représente ces données par un histogramme.

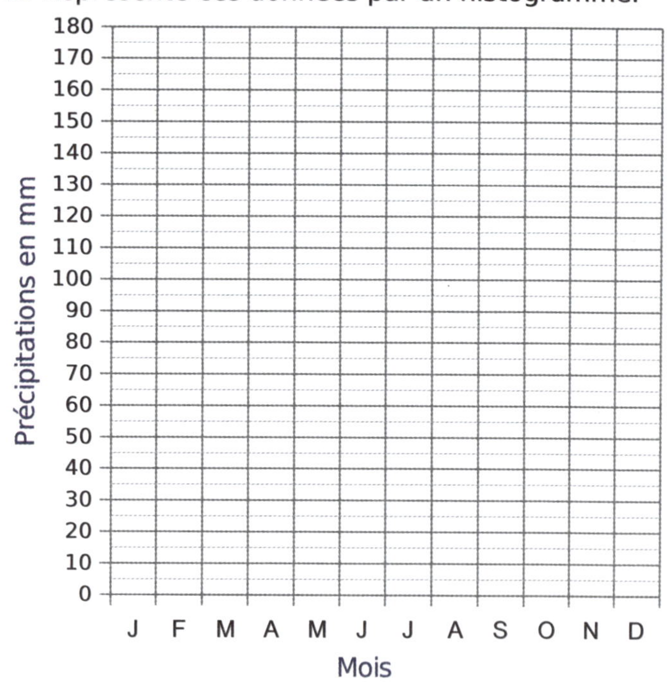

b. Quelles sont l'étendue et la médiane de cette série statistique ?

....

....

....

FICHE 5 : DIAGRAMMES (2)

1 Dans une maison de 90 m², la superficie des pièces est donnée dans le tableau ci-dessous.

	Chambres	Bains + WC	Salon Séjour	Cuisine	Dégagement	Total
Superficie	32	8	35	10	5	
Angle en °						360°

Complète ce tableau, puis construis un diagramme circulaire traduisant ces données.

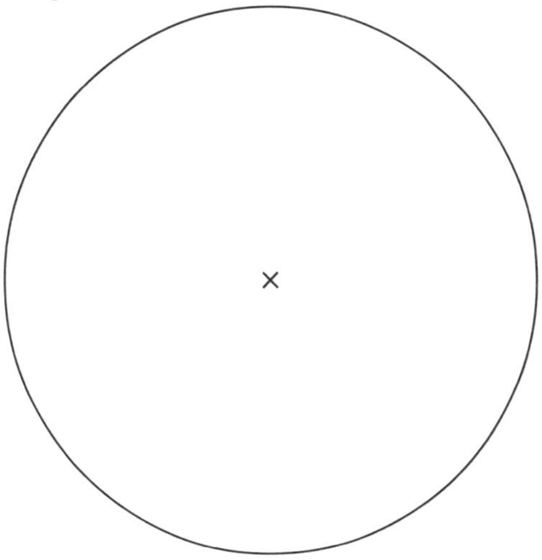

2 Pour réaliser un far breton, on a besoin de différents ingrédients, dont voici les quantités.

Ingrédients	Quantité	Quantité en g	Fréquence en %	Angle en °
Farine	250 g			
Sucre	150 g			
Œufs	4			
Lait	1 L			
Pruneaux	100 g			
Total				180°

a. Sachant qu'un œuf pèse en moyenne 60 g et 1 L de lait 1 kg, complète la troisième colonne.

b. Complète ensuite le reste du tableau.

c. Construis un diagramme semi-circulaire traduisant ces données. (N'oublie pas la légende.)

☐ Farine
☐ Sucre
☐ Œufs
☐ Lait
☐ Pruneaux

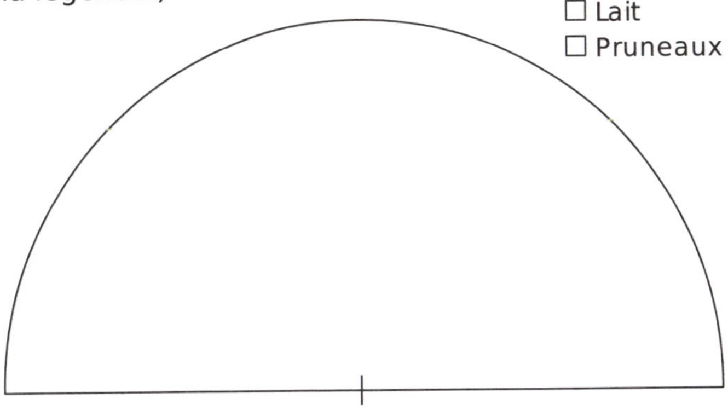

3 Voici la répartition par classe d'âge des joueurs en ligne.

Âge (a) en ans	Fréquence en %	Angle en °
0 ⩽ a < 18	22	
18 ⩽ a < 25	9	
25 ⩽ a < 35	17	
35 ⩽ a < 45	32	
45 ⩽ a < 55	15	
55 ⩽ a < 65	4	
65 ⩽ a	1	
Total		

Représente ces données par un histogramme, puis par un diagramme circulaire.

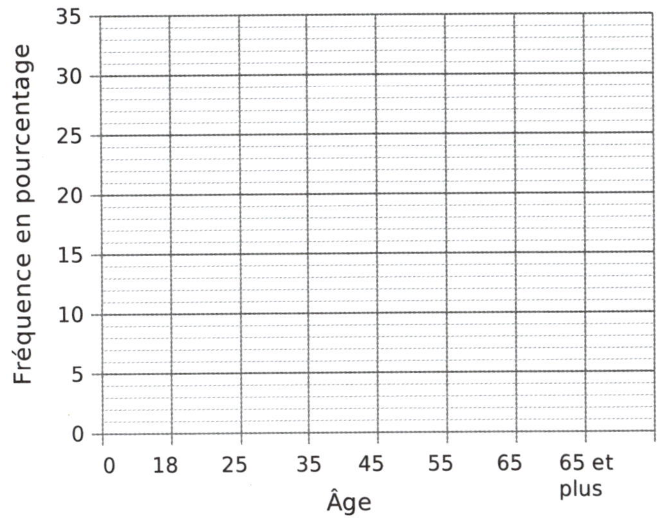

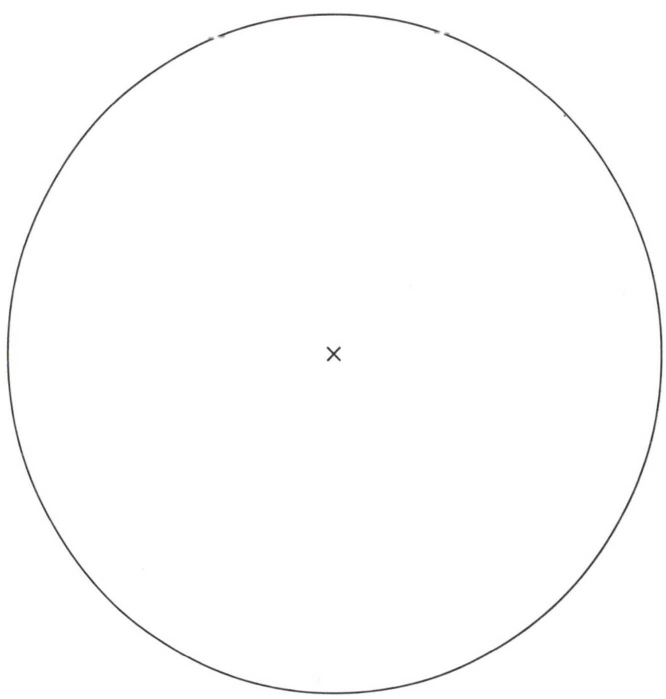

FICHE 6 : INTERPRÉTATION

1 On a codé une phrase de Philippe Geluck. Chaque lettre de l'alphabet est remplacée par un signe. Décode cette phrase à l'aide du diagramme qui donne la fréquence d'apparition de chaque lettre. (Tu pourras t'aider du tableau.)

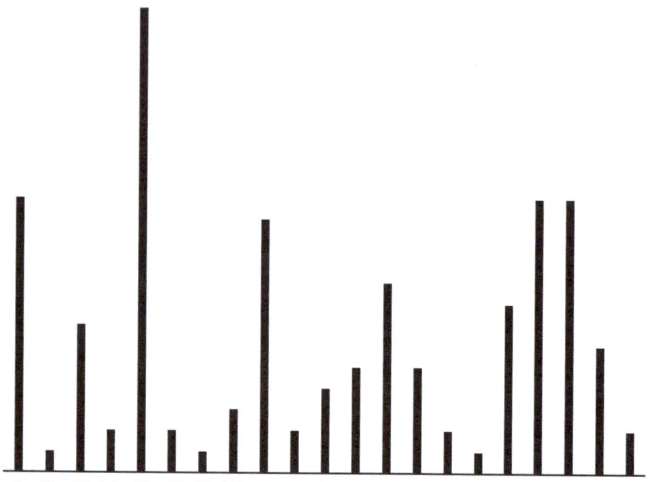

♥'♣☠□❖➢❖ ✪♣ ☹❁♣♠❂❖ ❁☠❁

....

✪❖✥ ➢✚✪♣➢❖✥ ♣❁❄❄❖✈¤✥

....

❖➢ ✪❖✥ □❖¤☺❖✥ ❖♠ ✿♣☠❖.

....

✥❁♠✚♠ ♣☹❖☠ ❄❖✈¤✥ ✥➢♣➢❁✥➢❁⋆✈❖✥,

....

❁❄✥ ✿❁♠❁¤✚♠➢ ✈♠ ♥✚✈¤ ●♣¤

....

☠✚♠♠♣❁➢¤❖ ✪♣ ¤❖☠❖➢➢❖ ❂❖

....

✥♣✈☠❖ ✥●♣☆□❖➢➢❁.

....

□	✚	♣	⋆	☹	☠	❖	❁	●	✪	☺	✈	¤	☆	♠	♥	✿	✥	❂	➢	❄
								2					1							
								P					G							

2 Le tableau suivant donne la répartition de la masse des œufs (en grammes) d'un élevage de poules.

Masse en g	41 et -	42	43	44	45	46	47	48	49	50	51	52	53	54	55	56	57	58	59	60	61	62	63	64	65	66	67	68	69	70	71	72	73 et +
Effectif	4	1	2	1	2	2	3	2	2	3	4	4	10	15	17	30	46	39	48	57	55	53	68	72	91	94	93	85	75	68	59	55	140

a. Combien d'œufs sont répertoriés ? ....

b. Suivant les pays, les œufs ne sont pas calibrés de la même façon.
Pour chaque tableau, complète la colonne E (effectif).

France			
Calibre		E	F
S	52 g et moins		
M	53 g à 62 g		
L	63 g à 72 g		
XL	73 g et plus		

Canada			
Calibre		E	F
Pee wee	41 g et moins		
Petit	42 g à 48 g		
Moyen	49 g à 55 g		
Gros	56 g à 63 g		
Extra gros	64 g à 69 g		
Jumbo	70 g et plus		

Suisse			
Calibre		E	F
Petit	49 g et moins		
Moyen	50 g à 65 g		
Gros	66 g et plus		

c. Complète la colonne F (fréquence en pourcentage) de chaque tableau.
Tu arrondiras au dixième.

d. Compare les pourcentages obtenus dans chaque pays pour la catégorie *Gros* (catégorie L en France).

....

....

FICHE 7 : RÉSOLUTION DE PROBLÈMES (1)

1 Lorsqu'on absorbe un médicament, la quantité de principe actif de ce médicament dans le sang évolue en fonction du temps. Cette quantité se mesure en milligrammes par litre de sang. Le graphique ci-dessous représente la quantité de principe actif d'un médicament dans le sang, en fonction du temps écoulé, depuis la prise de ce médicament.

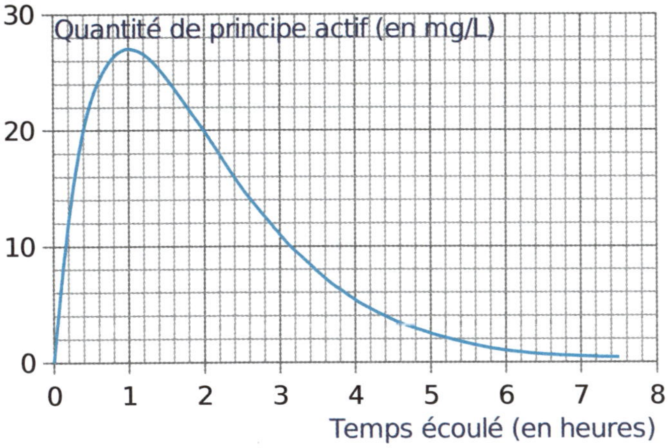

Aide-toi de ce graphique pour répondre aux questions suivantes. Aucune justification n'est demandée dans cet exercice.

a. Au bout de combien de temps la quantité de principe actif de médicament dans le sang est-elle maximale ?

b. Quelle est la quantité de principe actif de médicament dans le sang, au bout de 2 h 30 min ?

c. Pour que le médicament soit efficace, la quantité de principe actif de médicament dans le sang doit être supérieure à 5 mg/L. Pendant combien de temps le médicament est-il efficace ?

2 Le tableau ci-dessous a été construit en comptant les fréquences des 26 lettres de l'alphabet dans un texte français de 100 000 lettres, composé de textes de Gustave Flaubert, de Jules Verne et de trois articles de l'Encyclopedia Universalis.

Lettre	Fréquence	Lettre	Fréquence
A	8,40 %	**N**	7,13 %
B	1,06 %	**O**	5,26 %
C	3,03 %	**P**	3,01 %
D	4,18 %	**Q**	0,99 %
E	17,26 %	**R**	6,55 %
F	1,12 %	**S**	8,08 %
G	1,27 %	**T**	7,07 %
H	0,92 %	**U**	5,74 %
I	7,35 %	**V**	1,32 %
J	0,31 %	**W**	0,04 %
K	0,05 %	**X**	0,47 %
L	6,01 %	**Y**	0,30 %
M	2,96 %	**Z**	0,12 %

a. Cite les cinq lettres les plus fréquentes.

b. Représente graphiquement la répartition des voyelles et des consonnes.

c. Si toutes les lettres avaient la même fréquence d'apparition, quelle serait cette fréquence ?

3 Taraina dirige une école de danse pour adolescents. Elle a relevé dans un tableau l'âge de ses élèves, ainsi que la fréquence des âges.

a. Complète le tableau suivant.

Âge des élèves	12	13	14	15	16	TOTAL
Nombre d'élèves	5	2	4	5	4	
Fréquence en %			20	25	20	100

b. Ci-contre, complète le diagramme en barres des effectifs, à l'aide du tableau précédent.

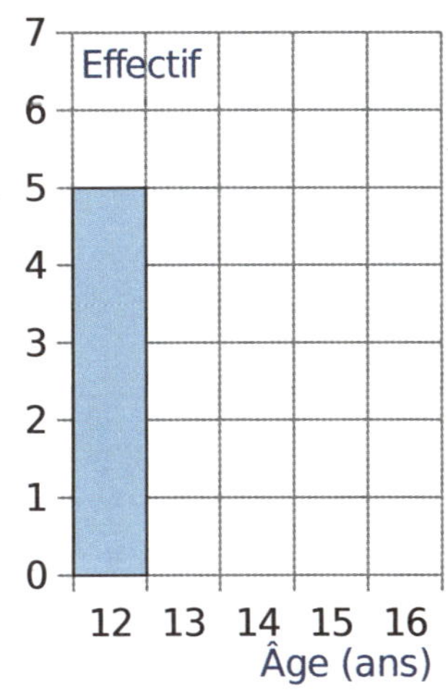

c. Quelle est, dans cette école, la fréquence d'élèves ayant 14 ans ?

d. Quelles sont l'étendue et la médiane de cette série statistique ?

Fiche 8 : Résolution de problèmes (2)

1 Un professeur d'EPS a relevé les pulsations cardiaques au repos des élèves de 3e de son collège. Les résultats sont présentés dans le tableau ci-dessous.

Nb de pulsations par minute	Effectif	Centre	Effectifs cumulés croissants
[54 ; 58[	5		
[58 ; 62[	26		
[62 ; 66[	40		
[66 ; 70[	35		
[70 ; 74[	25		
[74 ; 78[	10		

a. Complète le tableau.

b. Construis l'histogramme représentant la série.

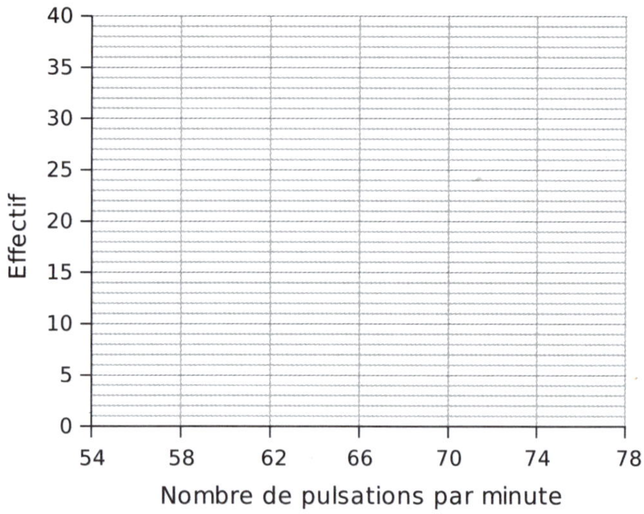

c. Calcule le nombre moyen de pulsations par minute.

d. 65 pulsations par minute peut-il être considéré comme une médiane de cette série ? Justifie.

2 Monsieur J et Monsieur K sont professeurs de Mathématiques et ont tous les deux une classe de 20 élèves en 3e.
Ils comparent les notes obtenues par leurs élèves au dernier devoir commun.

Notes des élèves de Mr J	Notes des élèves de Mr K
7 – 8 – 12 – 12 – 18 – 5 – 11 6 – 3 – 8 – 5 – 18 – 9 – 20 6 – 16 – 6 – 18 – 7 – 15	8 – 8 – 9 – 12 – 11 – 8 – 13 15 – 7 – 9 – 10 – 10 – 12 – 8 10 – 14 – 12 – 11 – 14 – 9

a. Construis ci-dessous les diagrammes en bâtons représentant les deux séries de notes. (Utilise deux couleurs différentes.)

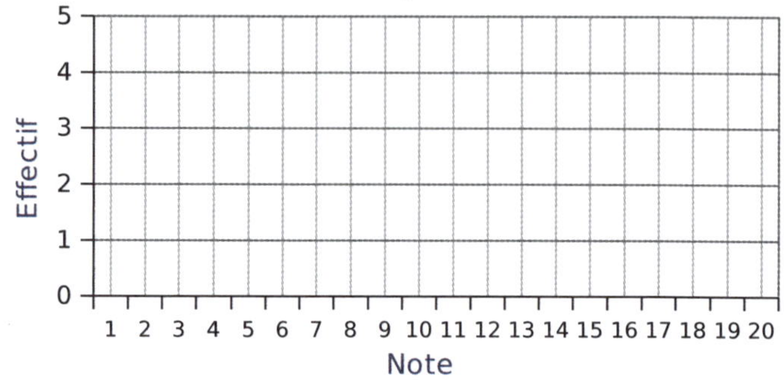

b. Calcule la moyenne de chaque série.

c. Lis l'étendue de chaque série.

d. Détermine une médiane de chaque série.

e. Quel est le pourcentage des notes supérieures ou égales à 15 pour les élèves de Mr J ?

f. Même question pour ceux de Mr K.

FICHE 9 : ACTIVITÉS NUMÉRIQUES

Tableur Voici le classement des médailles d'or reçues par les pays participant aux Jeux Olympiques pour le cyclisme masculin. *(source : Wikipédia)*

Bilan des médailles d'or de 1896 à 2008

Nation	Or
France	40
Italie	32
Royaume-Uni	18
Pays-Bas	15
États-Unis	14
Australie	13
Allemagne	13
Union soviétique	11
Belgique	6
Danemark	6
Allemagne de l'Ouest	6
Espagne	5
Allemagne de l'Est	4

Nation	Or
Russie	4
Suisse	3
Suède	3
Tchécoslovaquie	2
Norvège	2
Canada	1
Afrique du Sud	1
Grèce	1
Nouvelle-Zélande	1
Autriche	1
Estonie	1
Lettonie	1
Argentine	1

Voici un extrait du tableur.

	A	B	C	D	E	F	G	H	I	J	K	L	M	N	O
1	Nombre de médailles d'or	1	2	3	4	5	6	11	13	14	15	18	32	40	
2	Effectif	8	2	2	2	1	3	1	2	1	1	1	1	1	26

a. Quelle formule a-t-on saisie dans la cellule **O2** pour obtenir le nombre total de pays ayant eu une médaille d'or ?

b. Calcule la moyenne de cette série (arrondis à l'unité).

c. Détermine la médiane de cette série.

d. En observant les valeurs prises par la série, donne un argument qui explique pourquoi les valeurs de la moyenne et de la médiane sont différentes.

e. Pour le cyclisme masculin, 70 % des pays médaillés ont obtenu au moins une médaille d'or. Quel est le nombre de pays qui n'ont obtenu que des médailles d'argent ou de bronze (arrondis le résultat à l'unité) ?

D4 Probabilités

Fiche 1 : Notion de probabilité

1 On tire une carte au hasard dans un jeu de 32 cartes. On considère les évènements suivants.

A : « On obtient un roi. » ;
B : « On obtient un as. » ;
C : « On obtient un trèfle. ».

a. Les évènements A et B sont-ils compatibles ? Et les évènements B et C ? Justifie tes réponses.

b. Décris par une phrase sans négation l'évènement $\overline{C}$, contraire de l'évènement C.

c. Propose un évènement D incompatible avec l'événement C.

d. Détermine la probabilité des évènements A, B, C et D.

e. Quelle est la probabilité de $\overline{C}$, l'évènement contraire de l'événement C ? Calcule-la de deux façons différentes.

2 Une classe de 3e est constituée de 25 élèves. Certains sont externes, les autres sont demi-pensionnaires. Le tableau ci-dessous donne la composition de la classe.

	Garçons	Filles	Total
Externes		3	
DP	9	11	
Total			25

a. Complète le tableau.

On choisit un élève de cette classe au hasard et on considère les évènements :

A : « L'élève est une fille. »
B : « L'élève est externe. »
C : « L'élève est un garçon demi-pensionnaire. »

b. Les évènements A et B sont-ils compatibles ? Et les évènements B et C ? Justifie tes réponses.

c. Décris par une phrase sans négation l'évènement $\overline{A}$, contraire de l'évènement A. Puis l'évènement $\overline{B}$, contraire de l'évènement B.

d. Détermine la probabilité des évènements A, B C, $\overline{A}$ et $\overline{B}$.

Fiche 2 : Expérience aléatoire à deux épreuves

1 Un sac opaque contient des bonbons bleus, rouges ou verts, tous indiscernables au toucher. Quand on tire un bonbon au hasard, on a deux chances sur cinq de prendre un bonbon rouge, et une chance sur deux de prendre un bonbon bleu.

a. Quelle est la probabilité d'obtenir un bonbon rouge ou un bonbon bleu ?

b. Déduis-en la probabilité d'obtenir un bonbon vert. Justifie ta réponse.

2 Un concours de pêche est organisé avec 8 bateaux participants. Les organisateurs souhaitent former au hasard 4 équipes de 2 bateaux. Pour cela, un tirage au sort est organisé.

Dans une urne, se trouvent 8 fanions indiscernables au toucher : 2 rouges, 2 orange, 2 violets et 2 verts. Les bateaux ayant un fanion de même couleur seront dans la même équipe.

a. Quelle est la probabilité de sortir un fanion rouge au premier tirage ?

b. Aux deux premiers tirages, un fanion vert et un fanion orange ont été sortis.

- Quels fanions se trouvent encore dans l'urne avant le troisième tirage ?
- Combien y a-t-il de fanions dans l'urne avant le troisième tirage ?
- Calcule la probabilité de l'évènement A : « Un fanion d'une autre couleur que le vert ou le orange est tiré. ».

3 On tire une boule au hasard dans une urne qui contient 7 boules blanches (B), 5 noires (N) et 6 grises (G), toutes indiscernables au toucher.

a. Complète ci-dessous l'arbre des probabilités correspondant à cette situation.

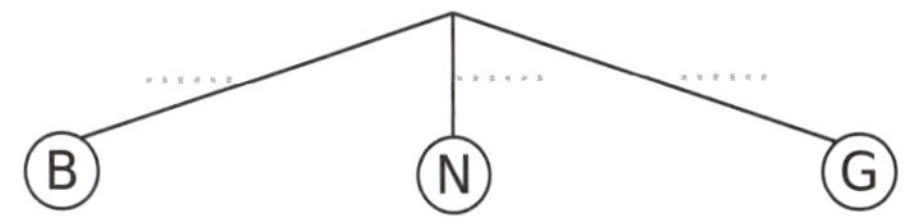

b. Quelle est la probabilité de tirer une boule blanche ou noire ?

c. Quelle est la probabilité de ne pas tirer une boule noire ?

4 Pour s'entrainer, un tireur d'élite vise au hasard la cible ci-contre. Il ne la rate jamais.

Tous les carrés sont concentriques, et leurs côtés ont pour mesure 5 cm, 10 cm, 15 cm et 20 cm.

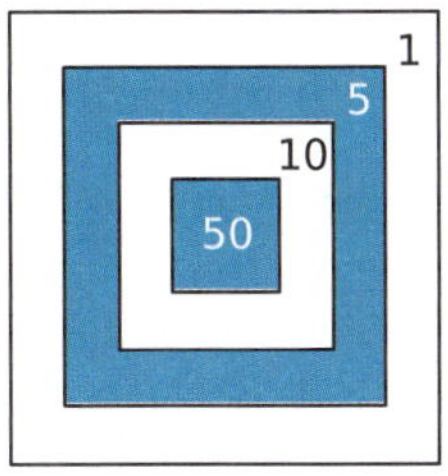

La probabilité relative à une région est proportionnelle à son aire.

Quelle est la probabilité (exprimée sous la forme d'une fraction irréductible) pour qu'il gagne...

a. 50 points ? **b.** 10 points ? **c.** 5 points ?

d. Détermine, de deux façons différentes, la probabilité pour qu'il gagne 1 point.

FICHE 3 : EXPÉRIENCE ALÉATOIRE À DEUX ÉPREUVES OU PLUS (1)

1 M. Frespin propose différents modèles de baskets : de couleur blanche ou verte ; avec des lacets jaunes, orange ou rouges.

a. Colorie les baskets pour montrer l'ensemble des modèles proposés par M. Frespin.

b. Quelles sont toutes les issues possibles ?
Par exemple, pour des baskets vertes à lacets jaunes, tu indiqueras (V ; J).

....

....

On choisit une paire de baskets au hasard.
Quelle est la probabilité que les baskets...

c. soient vertes ? ....

d. aient des lacets rouges ? ....

e. n'aient pas de lacets rouges ? ....

f. soient blanches et aient des lacets orange ? ....

2 Un magasin vend des chaises de bureau. Voici les différentes options proposées :

❑ Rouge	❑ Avec accoudoirs
❑ Noire	❑ Sans accoudoirs
❑ Bleue	❑ Avec appui-tête
❑ Grise	❑ Sans appui-tête

a. Combien de modèles différents de chaises de bureau propose ce magasin ? Tu pourras t'aider d'un arbre des possibles.

....

On choisit une chaise de bureau parmi tous les modèles précédents. Quelle est la probabilité que la chaise...

b. soit grise ? ....

c. ne soit pas grise ? ....

d. ait des accoudoirs ? ....

e. ait au moins une option ? ....

f. soit bleue avec un appui-tête ? ....

3 La « pizzeria Héléna » propose cinq variétés de pizzas.

CLASSIQUE :
tomate, jambon, œuf, champignons

MONTAGNARDE :
crème, jambon, pomme de terre, champignons

LAGON :
crème, crevettes, fromage

BROUSSARDE :
crème, chorizo, champignons, salami

PLAGE :
tomate, poivrons, chorizo

a. Je commande une pizza au hasard, quelle est la probabilité qu'il y ait des champignons dedans ? ....

b. Je commande une pizza à la crème, quelle est la probabilité qu'il y ait du jambon ? ....

c. Il est possible de commander une grande pizza composée à moitié d'une variété, et à moitié d'une autre. Quelle est la probabilité d'avoir des champignons sur toute la pizza ? On pourra s'aider d'un arbre des possibles.

CLASSIQUE

MONTAGNARDE

LAGON

BROUSSARDE

PLAGE

....

FICHE 4 : EXPÉRIENCE ALÉATOIRE À DEUX ÉPREUVES OU PLUS (2)

1 Une souris est enfermée dans un labyrinthe et on suppose qu'elle se trouve dans la pièce 1 (voir le dessin ci-dessous). À chaque sonnerie, elle franchit une porte, au hasard.

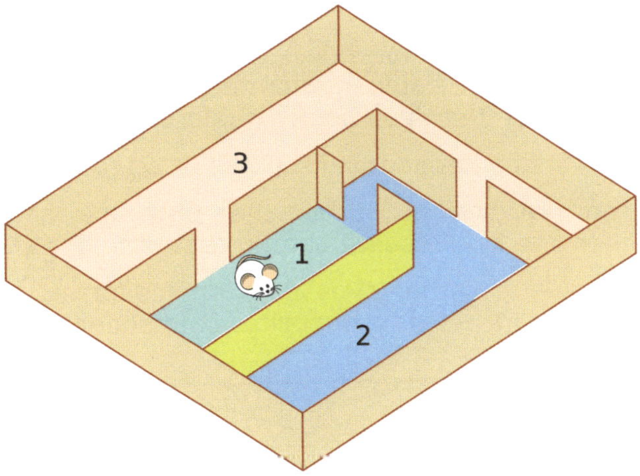

a. Quelle probabilité a la souris de se trouver dans la pièce 2 après une sonnerie ? ……………

b. Complète l'arbre de probabilité suivant.

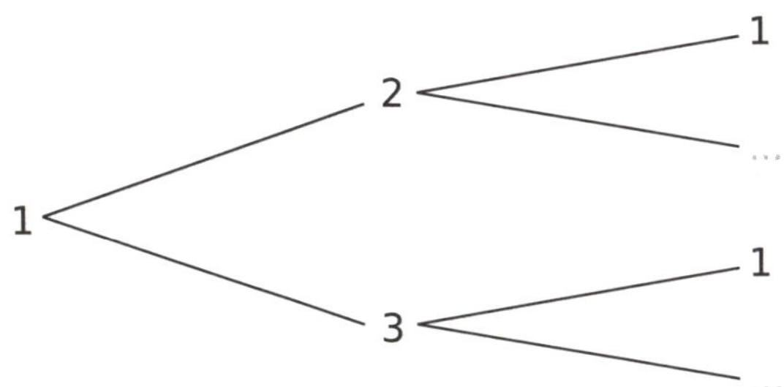

c. Quelle est la probabilité que la souris se retrouve dans la pièce 2 après deux sonneries ?

……………………………………………

d. Quelle est la probabilité que la souris se retrouve dans la pièce 1 après deux sonneries ?

……………………………………………

2 Au labyrinthe de l'exercice **1**, on ajoute une porte sur le mur jaune. Reprends alors toutes les questions précédentes.

a. ……………………………………………

b.

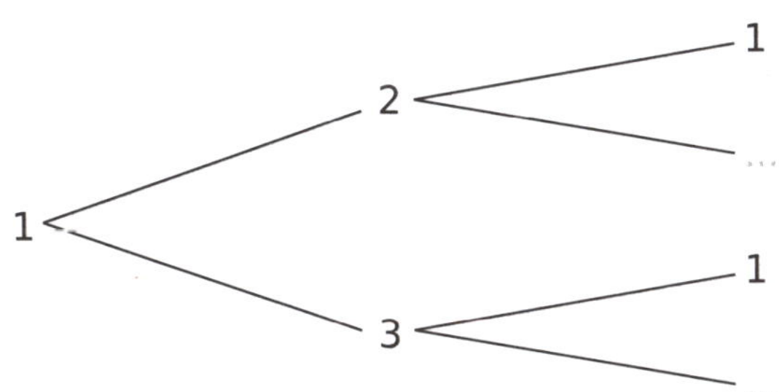

c. ……………………………………………

d. ……………………………………………

3 *Machine à sous*

On introduit une pièce dans la fente, on tire le levier et les trois rouleaux se mettent à tourner.

Quand ils s'arrêtent, le gain tombe selon l'alignement des icônes.

Chaque rouleau est composé de trois icônes : ,  et .

Barème des gains

 : mise rendue

 : 2 × la mise

 : 3 × la mise

 : 4 × la mise

 : 5 × la mise

Après avoir fait un arbre des possibles, réponds aux questions suivantes.

Quelle chance a le joueur d'avoir sa mise...

a. rendue ? ……………………

b. doublée ? ……………………

c. triplée ? ……………………

d. quadruplée ? ……………………

e. quintuplée ? ……………………

f. Quelle chance a-t-il de gagner ? ……………………

g. Quelle chance a-t-il de perdre ? ……………………

4 *Machine à sous... à quatre icônes !*

Cette fois, chaque rouleau est composé de quatre icônes : , ,  et .

Après avoir fait un arbre des possibles, réponds aux questions suivantes.

Quelle chance a le joueur d'avoir sa mise...

a. rendue ? ……………………

b. doublée ? ……………………

c. triplée ? ……………………

d. quadruplée ? ……………………

e. quintuplée ? ……………………

f. Quelle chance a-t-il de gagner ? ……………………

g. Quelle chance a-t-il de perdre ? ……………………

FICHE 5 : EXPÉRIENCE ALÉATOIRE À DEUX ÉPREUVES OU PLUS (3)

1 On lance deux dés équilibrés. L'un est cubique et l'autre a la forme d'un tétraèdre. Les patrons sont présentés ci-dessous.

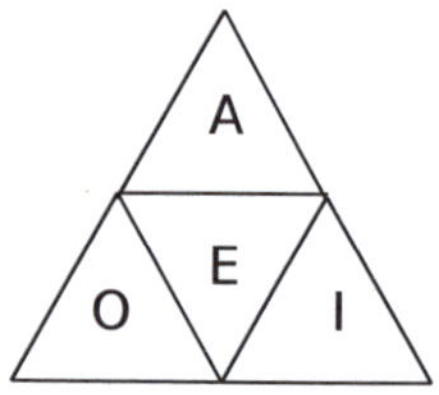

a. Présente, dans le tableau suivant, toutes les issues de cette expérience.

b. Quelle est la probabilité d'obtenir le mot « **PI** » ?

c. Quelle est la probabilité d'obtenir un mot du dictionnaire si on obtient la lettre **L** sur le dé cubique ?

d. Quelle est la probabilité d'obtenir un mot du dictionnaire si on obtient la lettre **O** sur le dé tétraédrique ?

e. Quelle est la probabilité de former un déterminant possessif avec les deux lettres du tirage ?

2 On considère l'expérience suivante qui se déroule en deux étapes.

Étape 1 : on tire une boule dans une urne contenant trois boules blanches et une boule noire.

Étape 2 : on tire une boule dans une autre urne contenant une boule numérotée **1**, trois boules numérotées **2** et deux boules numérotées **3**.

Toutes les boules sont indiscernables au toucher.

Si on tire une boule blanche, puis une boule numérotée **1**, le résultat obtenu est noté : (B ; 1).

a. Complète l'arbre ci-dessous en indiquant, sur chaque branche, les probabilités correspondantes.

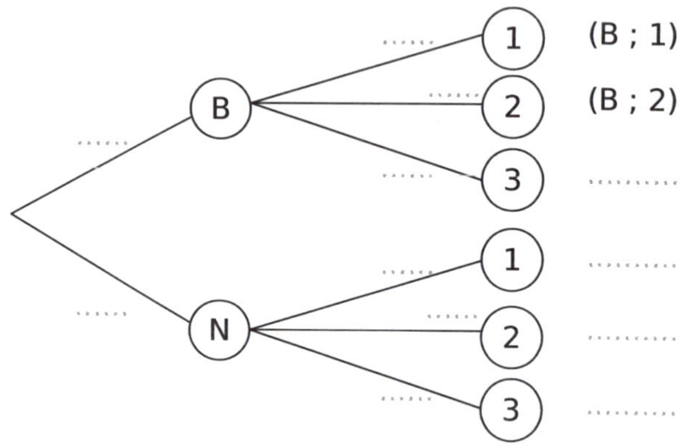

b. Quelle est la probabilité d'obtenir (B ; 1) ?

c. Quelle est la probabilité d'obtenir (N ; 2) ?

d. Quelle est la probabilité d'obtenir un **3** ?

e. Quelle est la probabilité de ne pas obtenir un **3** ?

Fiche 6 : Approche fréquentiste

Tableur

On lance deux dés de couleurs différentes. Ils sont équilibrés et leurs faces sont numérotées de 1 à 6. On s'intéresse à la somme des valeurs obtenues par les dés.

Première partie :

On lance 25 fois les deux dés et on note les valeurs dans un tableur. Les résultats sont représentés dans le tableau ci-contre.

La colonne A indique le numéro de l'expérience.

Les colonnes B et C donnent les valeurs des dés.

La somme des deux dés est calculée dans la colonne D.

	A	B	C	D
1	n°	dé 1	dé 2	somme
2	1	5	1	6
3	2	1	1	2
4	3	1	4	5
5	4	1	6	7
6	5	4	4	8
7	6	6	4	10
8	7	6	3	9
9	8	5	6	11
10	9	5	3	8
11	10	5	6	11
12	11	3	6	9
13	12	2	5	7
14	13	3	5	8
15	14	1	6	7
16	15	6	5	11
17	16	2	3	5
18	17	2	5	7
19	18	3	4	7
20	19	2	4	6
21	20	6	5	11
22	21	1	1	2
23	22	2	1	3
24	23	1	4	5
25	24	5	1	6
26	25	1	6	7

a. La somme peut-elle être égale à 1 ? Justifie.

....

....

....

b. La somme 12 n'apparait pas dans ce tableau. Est-il toutefois possible de l'obtenir ? Justifie.

....

c. Pour le 11e lancer des deux dés, quelle formule a-t-on marquée dans la cellule **D12** pour obtenir le résultat donné par l'ordinateur ?

....

d. Dans cette expérience, combien de fois obtient-on la somme 7 ? Déduis-en la fréquence de cette somme en pourcentage.

....

....

e. Quelle est la médiane de cette série de sommes (colonne D) ?

....

....

....

f. Trace le diagramme en bâtons de la série des sommes obtenues (colonne D).

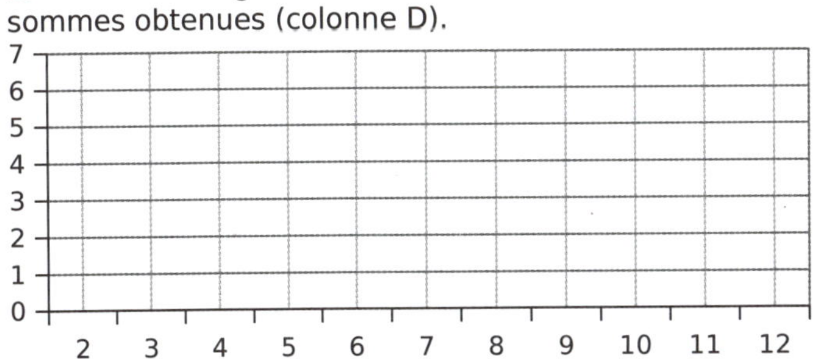

Deuxième partie :

On fait une simulation de 1 000 expériences avec un tableur. Les résultats sont représentés dans le diagramme en bâtons suivant.

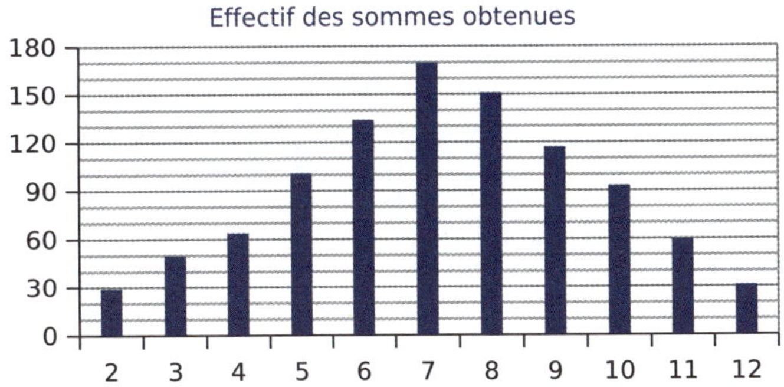

g. Quelles sont les 2 sommes les moins fréquentes ?

....

....

h. Paul, un élève de 3e, joue avec Jacques, son petit frère de CM2. Chacun choisit une somme à obtenir avec les deux dés : Paul prend la somme 9 et Jacques la somme 3. Explique pourquoi Paul a plus de chances de gagner que son petit frère.

....

....

....

i. Quel est, pour cette simulation, le nombre de lancers qui donnent la somme 7 ? Déduis-en la fréquence en pourcentage représentée par ces lancers.

....

....

j. Complète le tableau et entoure les différentes possibilités d'obtenir une somme égale à 7 avec deux dés. Calcule la probabilité d'obtenir cette somme.

Somme des 2 dés		Valeur 2e dé					
		1	**2**	**3**	**4**	**5**	**6**
Valeur 1er dé	**1**	2	3	4			
	2						
	3						
	4						
	5						
	6						12

....

k. Que peut-on dire de la valeur de la fréquence obtenue à la question **i**, et de celle de la probabilité obtenue à la question **j** ? Propose une explication.

....

....

....

FICHE 7 : ACTIVITÉS NUMÉRIQUES (1)

Tableur Soit l'expérience aléatoire suivante :
- tirer au hasard une boule noire, noter son numéro ;
- tirer au hasard une boule blanche, noter son numéro ;
- puis calculer la somme des 2 numéros tirés.

❶ ❷ ❸ ❹ | ② ③ ⑤

1 On a simulé l'expérience avec un tableur, en utilisant la fonction *ALEA()* pour obtenir les numéros des boules tirées au hasard. Voici les résultats des premières expériences.

	A	B	C	D
1	Expérience	Numéro de la boule noire	Numéro de la boule blanche	Somme
2	n°1	4	2	6
3	n°2	1	2	3
4	n°3	2	3	5
5	n°4	3	3	6
6	n°5	3	5	8
7	n°6	4	3	7

a. Décris l'expérience n°3.

....

....

....

b. Parmi les 4 formules suivantes, colorie celle qui est écrite dans la cellule **D5** :

| 2*A4 | =B4+C4 | =B5+C5 | =SOMME(D5) |

c. Peut-on obtenir la somme 2 ? Justifie.

....

....

d. Quels sont les tirages possibles qui permettent d'obtenir la somme 4 ?

....

....

e. Quelle est la plus grande somme possible ? Justifie.

....

....

2 Sur une seconde feuille de calcul, on a copié les résultats obtenus avec 50 expériences, avec 1 000 expériences, avec 5 000 expériences, et on a calculé les fréquences des différentes sommes.

	A	B	C	D	E	F	G	H	I
1	Somme	3	4	5	6	7	8	9	Effectif total
2	Effectif	5	10	9	8	8	8	2	50
3	Fréquence	0,1	0,2	0,18	0,16	0,16	0,16		
4									
5	Somme	3	4	5	6	7	8	9	Effectif total
6	Effectif	79	161	167	261	166	72	94	1 000
7	Fréquence	0,079	0,161	0,167	0,261	0,166	0,072	0,094	
8									
9	Somme	3	4	5	6	7	8	9	Effectif total
10	Effectif	405	844	851	1221	871	410	398	5 000
11	Fréquence	0,081	0,1688	0,1702	0,2442	0,1742	0,082	0,0796	

a. Quelle est la fréquence de la somme 9 au cours des 50 premières expériences ? Justifie.

....

b. Quelle formule a-t-on écrite dans la cellule **B7** pour obtenir la fréquence de la somme 3 ? ....

c. Donne une estimation de la probabilité d'obtenir la somme 3. ....

....

Fiche 8 : Activités numériques (2)

1 Tableur Tom lance 50 fois deux dés à six faces, parfaitement équilibrés. Il note dans une feuille de calcul les sommes obtenues à chaque lancer. Il obtient le tableau suivant.

B3 =B2/M2

	A	B	C	D	E	F	G	H	I	J	K	L	M	N
1	Somme obtenue	2	3	4	5	6	7	8	9	10	11	12	Total	
2	Nombre d'apparitions	3	1	4	6	9	9	7	3	5	3	0	50	
3	Fréquence d'apparition	0,06												

a. Quelle formule a-t-il saisie dans la cellule **M2** pour vérifier qu'il a bien relevé 50 résultats ?

....

b. Tom a saisi, dans la cellule **B3**, la formule =B2/M2. Il obtient un message d'erreur quand il l'étire dans la cellule **C3**. Pourquoi ?

....

....

c. Tom déduit de la lecture de ce tableau que, s'il lance ces deux dés, il n'a aucune chance d'obtenir la somme 12. A-t-il tort ou raison ?

....

....

2 Tableur Un bijoutier achète un lot de 220 perles de Tahiti. Un contrôleur qualité s'intéresse à leurs formes (ronde ou baroque) et à leurs couleurs (grise ou verte).

- 35 % des perles sont de couleur verte et, parmi celles-ci, 13 sont de forme ronde ;
- Il y a 176 perles de forme baroque.

Il note les résultats dans la feuille de calcul ci-dessous.

	A	B	C	D
1		Rondes	Baroques	Total
2	Grises			
3	Vertes			
4	Total			220

a. Pour obtenir le nombre de perles vertes à partir des informations données dans l'énoncé, quelle formule doit-il saisir en **D3** ? Parmi les quatre formules proposées, colorie la case de la bonne formule.

=D4*1,35   220*35/100   =D4*0,35   =B3+C3

b. Complète le tableau ci-dessus.

On choisit au hasard une perle de ce lot.

c. Quelle est la probabilité pour que cette perle soit de forme baroque ?

....

....

d. Quelle est la probabilité de tirer une perle baroque verte ?

....

....

Algorithmique et programmation

Fiche 1 : Déplacements conditionnels

1 Le digicode du coffre-fort d'Anaëlle est représenté ci-dessous. Hélas, elle a perdu la combinaison d'ouverture...

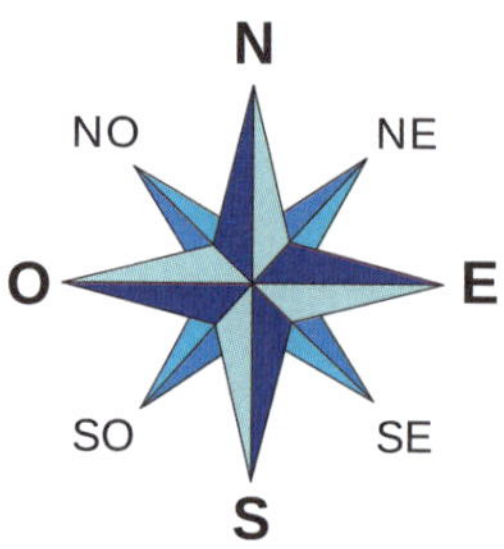

• Ce coffre-fort s'ouvre seulement quand toutes les touches sont poussées dans le bon ordre, la dernière étant la numéro 10.

• Sur chaque touche, une instruction indique quelle touche presser juste après : par exemple, **2 O** signifie que la touche suivante se trouve à **2** touches vers l'**O**uest.

1 **1 SE**	2 **3 S**	3 **2 SO**	4 **2 O**
5 **1 N**	6 **1 S**	7 **1 E**	8 **2 S**
9 **3 E**	10 ■	11 **2 N**	12 **2 N**
13 **2 NE**	14 **1 O**	15 **2 NO**	16 **1 O**

a. On commence par presser la touche numéro 8. Indique la série des touches poussées. Le coffre-fort s'ouvre-t-il alors ? Justifie.

....

....

b. De quelle touche faut-il partir pour ouvrir le coffre-fort d'Anaëlle ? Indique alors l'ensemble de la combinaison.

....

....

2 Dans ce quadrillage, on part d'une lettre et on cherche à atteindre un chiffre.
Le déplacement se fait selon la règle suivante :

- quand on rencontre 🔴, on va tout droit ;
- quand on rencontre 🟢, on va à droite ;
- quand on rencontre 🔵, on va à gauche.

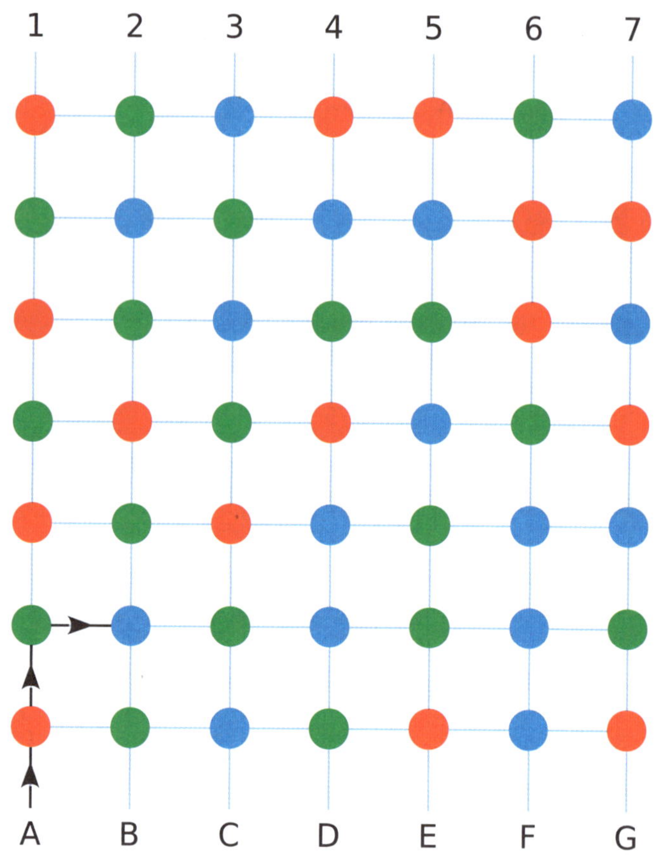

a. Arnaud démarre à la lettre A (le début du parcours est déjà représenté). Poursuis son tracé et indique le chiffre d'arrivée.

....

b. Indique le chiffre d'arrivée des parcours de Bob, Élodie et Florent, qui partent respectivement des lettres B, E et F.

....

....

FICHE 2 : CHIFFREMENT AFFINE

Afin de coder un message, on assimile chaque lettre de l'alphabet à un nombre entier x, comme l'indique le tableau ci-dessous.

Lettre à coder	A	B	C	D	E	F	G	H	I	J	K	L	M	N	O	P	Q	R	S	T	U	V	W	X	Y	Z
x	0	1	2	3	4	5	6	7	8	9	10	11	12	13	14	15	16	17	18	19	20	21	22	23	24	25
$f(x)$													88													
y													10													
Lettre codée													K													

Le chiffrement affine consiste à coder un message, lettre par lettre, en utilisant une fonction de codage affine f. Par exemple : $f(x) = 7x + 4$.

Pour coder une lettre, on procède de la façon suivante :
- on associe à cette lettre un entier x entre 0 et 25, selon le tableau ci-dessus ;
- on calcule $f(x) = 7x + 4$ et l'on détermine le reste y de la division euclidienne de $f(x)$ par 26 ;
- on traduit y par une lettre d'après le tableau ci-dessus.

Exemple : pour coder la lettre M par la fonction $f(x) = 7x + 4$
- la lettre M correspond, dans le tableau, à $x = 12$;
- $f(12) = 7 \times 12 + 4 = 88$ et le reste de la division de 88 par 26 est $y = 10$;
- $y = 10$ correspond à la lettre K.

La lettre M est donc codée par la lettre K.

a. Par quelle lettre la lettre W est-elle codée ? ....

....

b. Utilise un tableur pour t'aider à faire tes calculs. Recopie le tableau ci-dessous et complète-le.

	A	B	C	D	E	F	G	H	I	J	K	L	M	N	O	P	Q	R	S	T	U	V	W	X	Y	Z	AA
1	Lettre à coder	A	B	C	D	E	F	G	H	I	J	K	L	M	N	O	P	Q	R	S	T	U	V	W	X	Y	Z
2	x	0	1	2	3	4	5	6	7	8	9	10	11	12	13	14	15	16	17	18	19	20	21	22	23	24	25
3	f(x)																										
4	y																										

c. Code le message suivant.

L'ESSENCE DES MATHÉMATIQUES, C'EST LA LIBERTÉ.

....

d. Complète ce tableau de décodage à partir des données du premier tableau.

Lettre codée	A	B	C	D	E	F	G	H	I	J	K	L	M	N	O	P	Q	R	S	T	U	V	W	X	Y	Z
Lettre décodée																										

e. À l'aide du tableur, vérifie que la fonction g définie par $g(y) = 15y + 18$ est la fonction de décodage associée à la fonction f. On note x le reste de la division euclidienne de $g(y)$ par 26.

	A	B	C	D	E	F	G	H	I	J	K	L	M	N	O	P	Q	R	S	T	U	V	W	X	Y	Z	AA
1	Lettre codée	A	B	C	D	E	F	G	H	I	J	K	L	M	N	O	P	Q	R	S	T	U	V	W	X	Y	Z
2	y	0	1	2	3	4	5	6	7	8	9	10	11	12	13	14	15	16	17	18	19	20	21	22	23	24	25
3	g(y)																										
4	x																										

....

....

f. Décode le message suivant.

AI HYR SBIGR GAH UTEA, HO RG NEIA FEA EAAGX Z'GJGTSISG.

....

FICHE 3 : AFFECTATION ET BOUCLE

1 On donne l'algorithme suivant.

Variables n, T : Réels
Début
  Écrire " Entrer un nombre n : "
  Lire n
  T ← $(2n + 1) \times (2n + 1)$
  T ← T - 1
  T ← T / $(n + 1)$
  Écrire " T = : ", T
Fin

a. Teste cet algorithme pour $n = 4$ et pour $n = 7$.

b. Un élève a saisi $n = -1$. Que se passe-t-il ? Pourquoi ?

c. Émets une conjecture sur le résultat fourni par cet algorithme, puis démontre cette conjecture.

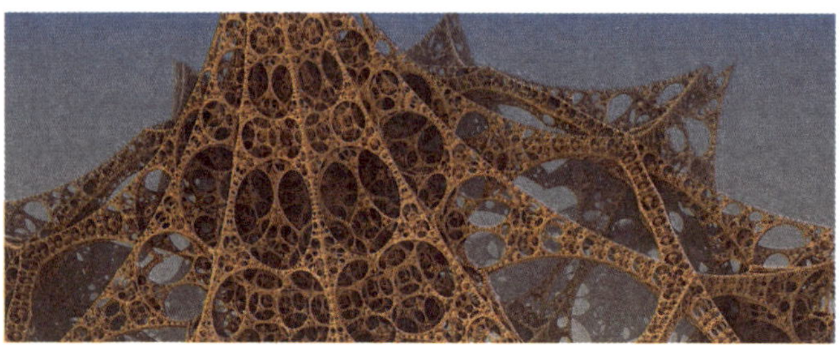

2 Étant donné un nombre entier n non nul, la factorielle $n!$ est le produit suivant :

$$n! = 1 \times 2 \times 3 \times ...(n-3) \times (n-2) \times (n-1) \times n$$

a. Calcule.

- $5! =$ ……
- $8! =$ ……

b. Complète l'algorithme ci-dessous pour qu'il affiche la factorielle d'un nombre entier N.

Variables N, i, F : Entiers
Début
  Écrire " Entrer un nombre entier : "
  Lire N
  F ← 1
  Pour i allant de 1 à N
    ……
  Écrire " La factorielle de N est : ", F
Fin

c. Dans SCRATCH, écris un programme demandant un nombre entier de départ, et calculant sa factorielle.

d. Avec ce programme, calcule les factorielles suivantes.

10!	12!

15!	17!

3 *Liste des diviseurs d'un nombre*

a. Écris un algorithme qui demande un nombre entier de départ et qui affiche la liste de ses diviseurs.

b. Dans SCRATCH, écris un programme demandant un nombre entier de départ et affichant la liste de ses diviseurs.

c. Rajoute des blocs à ce programme afin de créer un test de primalité (test qui permet de dire si un nombre est premier ou pas).

d. Teste alors la primalité des nombres suivants et complète le tableau en cochant.

	101	201	301	401	501	601	701	801	901
Premier									
Non premier									

FICHE 4 : BOUCLES

1 *Conjecture de Syracuse*

On choisit un nombre entier positif et on lui applique le traitement suivant :

- s'il est pair, on le divise par 2 ;
- s'il est impair, on le multiplie par 3 et on lui ajoute 1.

On obtient alors un nouveau nombre, sur lequel on répète la procédure jusqu'à obtenir 1.

On fabrique ainsi une liste de nombres.

Conjecture...

En mathématiques, on appelle conjecture, une règle qui n'a jamais été prouvée. On a vérifié cette règle sur beaucoup d'exemples mais on n'est pas sûr qu'elle soit toujours vraie.

C'est le cas de la conjecture de Syracuse, découverte par le mathématicien allemand Lothar Collatz *en 1930, à l'université de Syracuse (état de New York).*

a. Quelle liste de nombres correspond...

- à 16 ? ....
- à 17 ? ....
- à 20 ? ....
- à 24 ? ....

b. Indique le nombre d'éléments dans chacune de ces listes.

Nombre	16	17	20	24
Nombre d'éléments de la liste				

2 Dans SCRATCH, on souhaite programmer l'algorithme des nombres de Syracuse de l'exercice **1**. Le chat demande à l'utilisateur de choisir un nombre et le programme affiche la liste des nombres obtenus jusque 1.

Pour cela, crée une liste « syracuse » et une variable « x ».

a. Recopie le début du programme ci-dessous. Que permet-il de faire ?

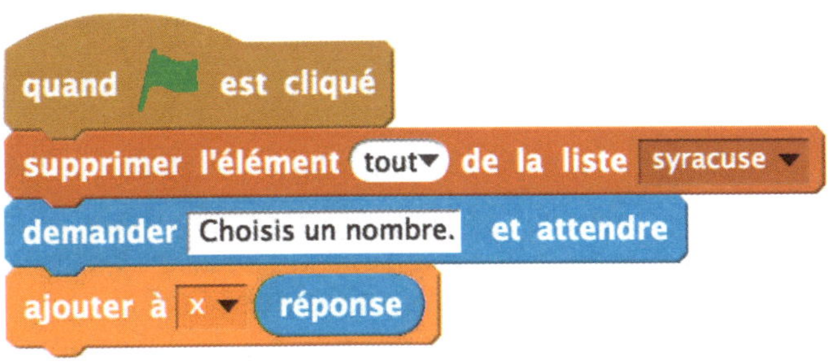

b. À l'aide des instructions suivantes, complète et termine le programme.

c. Teste ton programme avec les nombres de l'exercice précédent.

3 On considère ce jeu de dés :

- le joueur lance deux dés et fait leur somme ;
- il ajoute cette somme à son score (au premier tour, le score est égal à 0) ;
- si la somme des deux dés est différente de 7, il rejoue ;
- si la somme des deux dés est égale 7, le jeu s'arrête.

a. Dans SCRATCH, écris un programme qui simule ce jeu de dés.

b. Lance 20 fois ton programme, et remplis le tableau avec le score obtenu à chaque tour.

Fiche 5 : Pourcentage

1 Le 1er janvier 2000, un client a placé 3 000 €, à intérêts composés, au taux annuel de 2,5 %.
On note C_n le capital du client au 1er janvier de l'année 2000 + n, où n est un entier naturel.

a. Calcule C_1 et C_2. Arrondis au centime d'euro.

....

....

b. Exprime C_{n+1} en fonction de C_n.

....

c. On donne l'algorithme suivant.

Variables S, n : Entiers ; U : Réel
Début
  Écrire " Entrer un nombre entier supérieur à 3 000 : "
  Lire S
  $n \leftarrow 0$
  U ← 3 000
  Tant que U ⩽ S **faire**
    $n \leftarrow n + 1$
    U ← U × 1,025
  Afficher 2000 + n
Fin

Pour la valeur saisie S = 3 300, recopie et complète le tableau suivant, autant que nécessaire. Les résultats seront arrondis à l'unité.

n	0					
U	3 000					
U ⩽ S	vrai					

d. Déduis-en l'affichage obtenu quand la valeur saisie de S est 3 300.

....

e. Explique comment interpréter le nombre obtenu en sortie de cet algorithme quand on saisit un nombre S supérieur à 3 000.

....

....

f. Détermine à partir du 1er janvier de quelle année le capital du client sera supérieur à 4 000 €.

....

....

....

....

2 Dans une réserve naturelle, une race de singes est en voie d'extinction à cause d'une maladie.
Une étude sur cette population de singes montre que leur nombre baisse de 15 % chaque année.
Au 1er janvier 2004, la population était estimée à 25 000 singes.

a. Calcule l'effectif de cette population de singes...

- au 1er janvier 2005 ;

....

- au 1er janvier 2006, en arrondissant à l'entier.

....

b. Suivant ce modèle, on souhaite savoir, à l'aide d'un algorithme, au bout de combien d'années après le 1er janvier 2004 le nombre de singes sera inférieur à 5 000.
Recopie et complète l'algorithme ci-dessous.

Variables U : Réel ; n : Entier
Début
  U ← 25 000
  $n \leftarrow 0$
  Tant que .... **faire**
    U ← ....
    $n \leftarrow$ ....
  Afficher n
Fin

c. Quelle valeur de n est affichée après l'exécution de l'algorithme ?

....

....

d. Au 1er janvier 2014, on ne comptait plus que 5 000 individus. Un programme de soutien est mis en place pour favoriser les naissances.
À partir de cette date, on estime que, chaque année, un quart des singes disparait et qu'il se produit 400 naissances.
Calcule l'effectif de cette population de singes...

- au 1er janvier 2015 ;

....

- au 1er janvier 2016, en arrondissant à l'entier.

....